Wszystkie wojny Lary

WOJCIECH
JAGIELSKI

Wszystkie wojny Lary

Wydawnictwo Znak
Kraków 2015

Projekt okładki
Katarzyna Ewa Legendź

Fotografia na okładce
Anadolu Agency/Getty Images

Opieka redakcyjna
Damian Strączek

Adiustacja
Anna Szulczyńska

Korekta
Małgorzata Biernacka
Katarzyna Onderka

Opracowanie typograficzne
Daniel Malak

Opracowanie map
Anna Styrska-Mróz

ISBN 978-83-240-3875-6

znak

Książki z dobrej strony: www.znak.com.pl
Więcej o naszych autorach i książkach: www.wydawnictwoznak.pl
Społeczny Instytut Wydawniczy Znak, 30-105 Kraków, ul. Kościuszki 37
Dział sprzedaży: tel. (12) 61 99 569, e-mail: czytelnicy@znak.com.pl
Wydanie I, Kraków 2015. Printed in EU

Lara tęskniła za czasami, gdy myśl o tym, kim są, nie zaprzątała Kistów z zielonej doliny Pankisi.

– Nie wiedzieliśmy tego tyle lat, pewnie ze sto – mówiła, ni to dziewczyna, ni to staruszka, upychając pod chustkę nieposłuszne kosmyki włosów. – I po co się było dowiadywać?

Wielu Kistów uważało, że sami są winni swojej samotności. Zbyt rzadko przeprawiali się na północne zbocza gór, do swoich braci, aż w końcu zapomnieli, że mieszkają tam inni ludzie. A przecież przed laty też tam żyli i stamtąd wywędrowali w świat. Teraz zastanawiali się, czy dobrze się stało, że na nowo odkryli drugą stronę góry, a także wielkie miasto leżące jeszcze dalej. Co do tego zdania w dolinie były podzielone i wcale nie wszyscy myśleli tak jak Lara. Niektórzy uważali, że przemawiają przez nią nieszczęścia, jakich doświadczyła. Wiadomo, że człowiek dotknięty takim bólem zawsze będzie tęsknił do czasów, gdy go jeszcze nie znał.

Byli i tacy, którzy zapewniali, że nigdy nie zapomnieli północnego zbocza. Ali, młodszy kuzyn Lary, upierał się, że zawsze wiedział, że jest Czeczenem. Lara i ludzie z doliny uśmiechali się tylko pobłażliwie, twierdząc, że niczego nie może pamiętać. Wprawdzie stare legendy mówiły, że Kistowie przyszli do doliny z północnej strony gór, z krainy Czeczenów, ale tylko nieliczni widzieli wcześniej jakiegoś Czeczena na własne oczy.

– Opowiadano o nich rozmaitości, jacy to są wspaniali, waleczni, bogaci – mówiła Lara. – A tak naprawdę wiadomo było tylko, że istnieją, że są muzułmanami jak my i żyją po drugiej stronie góry, ale gdzie dokładnie, tego już mało kto był pewny. Bo i mało kto się tam wtedy zapuszczał, nie było po co. Więc na dobrą sprawę nic o nich nie dawało się powiedzieć. Byli dla nas trochę jak postaci z baśni, jakie się opowiadało dzieciom.

Lara, choć mało kto w dolinie przeszedł tyle co ona i mało komu przyszło doznać tyle bólu co jej, nie narzekała na swój los, na krzywdę, jaka ją spotkała. Nie obnosiła się z nieszczęściem, nie szukała współczucia ani pocieszenia. Jeśli zdarzało mi się słyszeć w jej głosie nieśmiałe, cichuteńkie nutki skargi, to tylko wtedy, gdy opowiadała o doli całej doliny Pankisi i jej mieszkańców Kistów.

Sama była jedną z nich, jak oni urodziła się, wyrosła i spędziła całe życie w dolinie schowanej głęboko wśród przepastnych wąwozów Kaukazu.

Przez sto, a może i dwieście lat Kistowie nie zaprzątali sobie głowy myślami o tym, kim są, za to dobrze wiedzieli, skąd przyszli do doliny. Każdy znał przekazywane z pokolenia na pokolenie opowieści o wędrowcach, którzy przed ponad dwustu laty przeprawili się przez przełęcze Kaukazu na jego południowe zbocza i znaleźli gościnę u żyjących tam gruzińskich książąt.

Książęta powitali ich z otwartymi ramionami i – jak to Gruzini – podjęli prawdziwie po pańsku. A potem w nagłym przypływie wzruszenia – co podczas gruzińskich biesiad za zastawionym stołem i z kielichem pełnym młodego wina zdarza się dość często – obwieścili przybyszom, że jeśli się im u nich spodobało, mogą pozostać w zielonej dolinie na zawsze. Wydzieli się im ziemię pod nowe domostwa, poletka, ogrody i sady, a swoje stada będą mogli wypasać na górskich połoninach. Przybysze popatrzyli po sobie i bez słowa, nawet się nie naradzając, uznali, że nigdzie indziej nie będzie im lepiej. Postanowili osiąść w dolinie.

I nic dziwnego, bo lepszego miejsca ze świecą by w świecie szukać! Gruzińskie księstwo Kachetii mogłoby uchodzić za raj na ziemi. Leżało w płaskiej kotlinie odgrodzonej od świata górskimi łańcuchami. Otulające ją kaukaskie szczyty chroniły Kachetię przed nawałnicami i surowymi zimami, a rzeki i strumienie spływające ze skalistych zboczy szczodrze poiły tamtejsze pastwiska i pola. One zaś odwdzięczały się urodzajnymi zbiorami wszelkich zbóż, owoców i warzyw, soczystą trawą, kwieciem i wonnymi ziołami, z których wiele miało moc uzdrawiania.

Bogactwa Kachetii, a może raczej legendy o ich wspaniałościach i nieprzebranej liczbie, od wieków ściągały jednak w dolinę najstraszliwszych żądnych łupów najeźdźców. Z ogniem i mieczem, nie zostawiając kamienia na kamieniu, przewalały się przez Kachetię mongolska orda Czyngis-chana, wojska Tamerlana, armie Persów i Turków. Pokusie rabunku i porywania sławnych z urody gruzińskich kobiet nie oparli się nawet sąsiedzi Kachetyjczyków, wojowniczy kaukascy górale Awarowie i Lezgini, a także łupieżcy z azerbejdżańskich chanatów. Na koniec zaś przybyli i Rosjanie, władcy północy.

Na nic się zdały potężne mury, fosy i obronne wieże, jakimi Kachetyjczycy otaczali swoje miasta, osady i świątynie. Nieustanne napaści i grabieże, wyniszczające i pustoszące Kachetię, obracały ją za każdym razem w ruinę. W końcu doprowadziły tę krainę do takiego upadku, że miejscowi książęta pomyśleli o sprowadzeniu bitnych górali, którzy obdarowani ziemią, jako strażnicy doliny, broniliby jej przed kolejnymi najeźdźcami. Zwolnieni od wszelkich podatków i powinności spoczywających na pospolitych poddanych mieli stawiać się na każde wezwanie. Również wtedy, gdyby któremuś z gruzińskich królów przyszło do głowy wyruszyć na wyprawę wojenną w świat.

Nie trzeba było długo czekać, by do Kachetii z wysokogórskich wąwozów zaczęli ściągać przybysze. Nie jedynych Kistów skusiła obietnica dni spędzanych w dostatku i słońcu.

Na wezwanie kachetyjskich książąt pierwsi przybyli gruzińscy górale. Mieli najbliżej, a jako krewni byli także najmilej widziani. Kachetyjczyków najbardziej ucieszył widok Chewsurów. Nosili stroje przypominające rycerskie kolczugi. Mieli też zwyczaj zdobić je znakami krzyża. Z tej przyczyny, a także z powodu ich niezwykłej waleczności i upodobania do wszelkiego oręża mówiono o Chewsurach, że są potomkami dawnych rycerzy, którzy wracając z wyprawy krzyżowej do Ziemi Świętej, zgubili drogę i zdecydowali się osiąść w kaukaskich wąwozach.

Na wieść, że książęta z Kachetii rozdają góralom ziemię, zjechali zresztą przybysze z całego niemal świata – Ormianie, Azerowie, Żydzi, Rosjanie, Grecy, Osetyjczycy, a nawet budzący trwogę na całym Kaukazie, nieustraszeni i dzicy Lezgini i Awarowie.

Przyjechali też Czeczeni, sąsiedzi Kachetyjczyków z północnej strony gór, z przepastnych wąwozów rzeki Argun. Tamtejsze życie na odludziu i tylko wśród swoich dawało może poczucie bezpieczeństwa, ale nie było łatwe. Górskie bezdroża strzegły Czeczenów przed wrogami, a dodatkową obronę stanowiły kamienne wieże, które wznosili na zboczach. Nie tylko mogli z nich zawczasu dostrzec nadciągające niebezpieczeństwo, ale i schronić się za ich warownymi murami. Zaopatrzeni w wodę i żywność, bronili się w nich tak długo, aż wykrwawiony i zniechęcony najeźdźca odtrąbił w końcu odwrót. Ale po odstąpieniu nieprzyjaciół uwolniona od niebezpieczeństw i strachu codzienność wśród kaukaskich szczytów nie nabierała barw, wigoru i smaku i niewiele przypominała krainę szczęśliwości. Zwłaszcza podczas surowych zim, gdy śnieżne zamiecie zamykały przełęcze, a siarczyste mrozy skuwały rzekę Argun i górskie strumienie, przemieniając ich wody w lodowe figury – smoki i pałace ze starych baśni. Życie wymagało nieustannego wysiłku i poświęceń, sprowadzało się do wiecznej walki o przetrwanie, w której laurem za zwycięstwo była jedynie możliwość stanięcia do kolejnej bitwy. Nic dziwnego, że na wieść o zaproszeniu kachetyjskich książąt, porzucając trudy i znoje, ochoczo wyruszyli w wędrówkę na południową stronę Kaukazu. Cieszyła ich sama myśl o wielkiej odmianie.

Zaproszenie przyszło w samą porę, bo po północnej stronie Kaukazu do czeczeńskich aułów zawitała wojna, krwawa, bezlitosna i zdająca się nie mieć końca. Rosja, mocarstwo północy, połknęła już Gruzję, a rozgościwszy się na południowych zboczach Kaukazu, postanowiła podbić także stoki północne. Część Czeczenów przystała do powstańców, którzy postanowili nie wpuścić Rosjan na Kaukaz, lecz utworzyć w górach własne państwo, rządzące się i żyjące zgodnie z Koranem, świętą księgą muzułmanów. Inni wybrali ucieczkę zarówno przed karnymi ekspedycjami Rosjan i wojenną pożogą – która, jak się okazało, trwała pół wieku – jak i surowymi prawami i porządkami zaprowadzanymi w górach przez powstańców.

Do słonecznej i wygodnej Kachetii, podbitej już przez Rosję, a więc spokojnej, Czeczenów wiodła też chęć wzbogacenia się, wybicia nad innych, wyzwolenia z krępujących więzów wspólnoty, a przynajmniej ich poluzowania.

Obowiązujące w górach i przekazywane z pokolenia na pokolenie prawo nakazywało bowiem dzielić się po równo pastwiskami, wodopojami, a nawet posiadanym stadem, tak by nikt nie miał więcej niż pozostali, a wspólnota nie przerodziła się w poddaństwo, wyzysk i tyranię. Dbała o to wioskowa starszyzna. Widząc, że któryś z członków wspólnoty dorabia się nadmiernego jej zdaniem bogactwa, zwoływano specjalną naradę, odbierano bogaczowi zbędny majątek i rozdzielano go między resztę, każdemu według potrzeb.

Ci, którzy chcieli mieć więcej, więcej niż inni, a może nawet więcej, niż sami potrzebowali, wędrowali do Kachetii, gdzie nikt im tego nie wzbraniał ani ich za to nie potępiał. W zielonej rozległej dolinie mogli mieć tyle, ile chcieli. Nikt im nie wytykał słabości i skłonności do wygód i zbytku, nikt nie mierzył bogactwa i nie żądał, by się nim dzielić. Przeciwnie, ich majątek wzbudzał podziw, a jeśli także i zazdrość, to i ona uchodziła za powód do zadowolenia jako potwierdzenie odniesionego sukcesu.

Byli też i tacy, którzy uciekali przez góry nie po to, by uczynić swoje życie łatwiejszym i lepszym, ale żeby je ocalić. Wędrowali na południowe stoki, uchodząc przed zemstą, jaką im poprzysięgli sąsiedzi, ziomkowie, a nierzadko nawet krewni. Według panującego w górach prawa przelaną cudzą krew odkupić można było jedynie własną, a za zbrodnię popełnioną przez jednego odpowiadali wszyscy. Za śmierć odpłacano śmiercią, a zemsta była świętym obowiązkiem synów, braci i krewnych ofiary. Niedopełnienie tego nakazu ściągało hańbę na cały ród i na całe wieki wystawiało go na pośmiewisko.

Kistami nazwali przybyszów miejscowi, kachetyjscy tubylcy, Gruzini. Nie potrafili ponoć prawidłowo wymówić nazwy, jakiej na określenie samych siebie używali Czeczeni z wąwozów z górnego biegu Argunu, którzy przywędrowali do Kachetii, by w niej osiąść na stałe.

Oni sami wołali na siebie Kej-Jistchoj, co w czeczeńskiej mowie znaczyło, z grubsza biorąc, „ludzie z kraju u wrót". Ani Lara, ani Omar, jej rówieśnik i przyjaciel, ani tym bardziej jej kuzyn Ali, najmłodszy z nich, nie potrafili wytłumaczyć, jakie wrota mieli na myśli ich przodkowie, wybierając taką właśnie nazwę dla swojego tejpu – wspólnoty połączonej nie tyle więzami krwi, ile faktem, że zamieszkiwała to samo terytorium, zwykle na zboczach lub u podnóża jakiejś góry.

Omar wierzył, że nazwa tejpu nawiązywała do podniebnego sąsiedztwa, w jakim rozłożyła się kraina Kej-Jistchojów, u samych bram nieba. Wyżej, nad ich domostwami i pastwiskami, wznosiły się już tylko skaliste, niezdobyte i sięgające gwiazd wierzchołki Kaukazu. Lara kręciła głową i przekonywała, że w nazwie chodziło raczej o bliskość Kachetii, położonej zaraz za kaukaskimi szczytami, na południowym przedgórzu. Spośród wszystkich czeczeńskich wspólnot z północnych zboczy Kaukazu auły Kej-Jistchojów leżały najbliżej Gruzji. Stąd właśnie miały się brać „wrota" w nazwie wspólnoty. A Gruzini, żyjąc od wieków w sąsiedztwie Kej-Jistchojów, których imienia nie potrafili poprawnie wymówić, przezwali ich po prostu Kistami.

Pod nowe domostwa gruzińscy książęta wyznaczyli przybyszom wciśniętą między góry dolinę Pankisi, długą na dziesięć kilometrów, szeroką na pięć i przeciętą wzdłuż rzeką Alazani, spływającą ze zboczy Kaukazu, pojoną wodami z topniejących śniegów i lodowców.

Kistowie nie byli tu pierwszymi osadnikami. Przed nimi zamieszkali w dolinie gruzińscy górale, którym władcy Kachetii podarowali ziemie w podzięce za wierną i dzielną służbę w wojsku. Gruzini budowali swoje wioski na lewym brzegu rzeki. Czeczeńscy przybysze rozłożyli się więc na prawym.

W nowym miejscu, wśród nowych sąsiadów nie czuli się obco. Znali się z gruzińskimi góralami od stuleci. Mieszkali przez miedzę, po drugiej stronie gór. Stoczyli ze sobą niejedną wojnę, ale częściej żyli w pokoju, odwiedzali się w wioskach, przyjaźnili, uznawali za swoich. Zdarzało się, że przyjmowali się nawzajem do swoich rodów i szczepów, Czeczeni Gruzinów, a Gruzini Czeczenów, a nawet między sobą żenili. Zawierali pobratymstwa, radowali się razem na weselach i dzielili rozpaczą na pogrzebach. Mieli nawet tych samych bogów, którym w podobny sposób oddawali cześć.

Nie zmieniło się to i wtedy, gdy w kaukaskie wąwozy dotarły wiara chrześcijańska z muzułmańską, a Gruzini z południa przyjęli pierwszą z nich, podczas gdy Czeczeni z północy drugą. Nadal nie widzieli w sobie wrogów. Modlili się już inaczej i w oddzielnych świątyniach, ale zachowali podobne obyczaje i upodobania do biesiad, tych samych potraw i wina. Pozostali też wierni wielu dawnym, wspólnym wierzeniom, z którymi teraz kryli się przed obcymi, nie chcąc uchodzić za pogan i barbarzyńców.

W swoich wąwozach, wysoko w górach, nadal razem obchodzili stare święta i pielgrzymowali do świętych miejsc, czcili bóstwa ognia i przyrody, składali im ofiary, wierząc w ich moc i polecając się ich opiece. Nie widzieli też nic niewłaściwego w tym, by jako mili goście uczestniczyć w nabożeństwach odprawianych w świątyniach obu wyznań.

Według kaukaskiej legendy pochodzili wręcz od jednego, wspólnego przodka, Targamosa – potomka Jafeta i Noego, który ratując się przed potopem, zbudował arkę i osiadł w niej na górze Ararat. Biblijna przypowieść czyni z Jafeta, jednego z trzech synów Noego, ojca wszystkich ludów Północy.

W nowej dolinie żyli jak u Pana Boga za piecem, pośród dobrych sąsiadów i życzliwszej przyrody. Tak jak niegdyś w swoich arguńskich wąwozach, trudnili się pasterstwem, a od czasu do czasu wyprawiali się w góry, by w nieprzebytych lasach polować na dziką zwierzynę.

Uprawą gardzili, uznając grzebanie się w ziemi za coś paskudnego, niegodnego mężczyzny, któremu przypisana była rola bohatera, wojownika i zwycięzcy, w najgorszym razie męczennika. Pracę na roli zostawiali swoim kobietom i wiele lat musiało upłynąć i wiele się wydarzyć, zanim zaczęli w tej materii zmieniać zdanie. Ale nawet dziś na poletkach w dolinie Pankisi częściej widuje się kobiety Kistów, podczas gdy ich mężczyźni wolą zajmować się pszczelarstwem i doglądaniem przydomowych winnic.

Nowe życie w nowym miejscu tak bardzo przypominało to dawne, że Kistowie powoli zapominali, że nie od zawsze mieszkali w dolinie. Przenosiny niewiele zmieniły w ich życiu, a ponieważ nie wymagały żadnych wyrzeczeń, tym szybciej o nich zapomnieli, tak jak zapomnieli o wszystkim, co było przedtem. Wycierała się pamięć, za to coraz bardziej wrastali w dolinę, uważając właśnie ją za swój dom i dobre miejsce na ziemi.

Zajęci nowym życiem Kistowie z południowych stoków Kaukazu coraz rzadziej przeprawiali się na północne zbocza, przestali odwiedzać swoich braci Czeczenów. Łańcuchy górskie odgradzające czeczeńskie wąwozy od gruzińskiej Kachetii i doliny Pankisi zdawały się za to piętrzyć, potężnieć, rozrastać. Droga wydawała się zbyt daleka, zbyt trudna, coś nieustannie przeszkadzało w podróżowaniu. Odwodzili ich od tego także Rosjanie, którzy podbili Kaukaz i ziemie położone na północ i na południe od niego. Jako nowi władcy Kachetii i całej Gruzji zniechęcali tutejszych mieszkańców do niepotrzebnych wędrówek, mnożyli trudności i zakazy, uznając, że im mniej będą Kistowie wiedzieli o życiu poza doliną, tym mniej kłopotów im przysporzą. Unieruchomieni, przywiązani do ziemi nie powinni nawet wiedzieć, że zostali zniewoleni.

Rozdzieleni z rodakami Czeczenami, żyjąc wśród Gruzinów, Kistowie stawali się coraz bardziej gruzińscy. Nauczyli się gruzińskiej mowy, poznali gruzińskie zwyczaje i wiele z nich przyjęli za własne. Posyłali swoje dzieci do gruzińskich szkół, gdzie uczyły się o gruzińskich dziejach, dowiadywały o gruzińskich królach, bohaterach, wieszczach. Niektórzy z Kistów przejęli nawet od Gruzinów chrześcijańską wiarę. Jedni ze szczerego przekonania, drudzy dla świętego spokoju. Jeszcze inni przeszli na nowe wyznanie w wyniku podstępu rosyjskich żołnierzy i chrześcijańskich kapłanów, którzy pewnego dnia, bez słowa, zapędzili Kistów do rzeki Alazani i w jej wodach, nie pytając nikogo o zdanie, ochrzcili ich i nadali chrześcijańskie imiona.

Kistowie przybrali gruzińskie nazwiska, dostali gruzińskie obywatelstwo i paszporty. Tak bardzo zrośli się z nowym miejscem, że wkrótce sami zaczęli uważać się za jeden z ludów gruzińskich górali, takich jak Swanowie, Chewsurowie czy Tuszyni. Ta nowa, przybrana tożsamość ocaliła ich przed wygnaniem z Kaukazu na Syberię, na jakie, podejrzewając ich o nielojalność, skazał wszystkich pozostałych Czeczenów rozsierdzony kremlowski władca Józef Stalin, sam wywodzący się z Gruzji.

Ominęło ich nie tylko zesłanie z braćmi w syberyjskie śniegi, ale i wszystkie dziejowe burze, które przetaczały się przez świat, zmieniając jego porządek i kształt. Owszem, dochodziły ich z daleka wieści tak niezwykłe, że aż trudno było im dać wiarę. Ogrodzeni górami Kaukazu słyszeli o królobójstwach, rewolucjach i wielkich wojnach, ale do ich doliny, zapomnianej przez Boga i ludzi, nie miały one dostępu, przechodziły jakby bokiem.

W Tbilisi namiestników rosyjskich carów zastąpili co prawda gruzińscy prefekci, ale tych zastąpili wkrótce nowi zarządcy z Kremla, którzy kazali tytułować siebie towarzyszami i sekretarzami oraz twierdzili, że wszyscy ludzie są równi i jednacy. Mówili też, że Boga nie ma, więc trzeba pozamykać meczety i cerkwie, że większy będzie z nich pożytek, jeśli pootwiera się w nich sklepy i przedszkola.

Kistowie nie zajmowali się jednak polityką i była ich ledwie garstka, kilka tysięcy dusz, pół tuzina wsi, więc ich życie w dolinie toczyło się swoim tempem, bez większych zmian. Tylko od czasu do czasu z górskich kryjówek do pasterskich chat na połoninach zachodzili zbrojni partyzanci, którzy buntując się przeciwko niesprawiedliwościom, wciąż krążyli po wąwozach i przełęczach Kaukazu. Przychodzili do Kistów, by ci, znający góry jak własną kieszeń, służyli im za przewodników, udzielili gościny, przezimowali.

Ale następcom Stalina nie udało się utrzymać złowrogiego mocarstwa zajmującego Europę i Azję i rozciągającego się od Bałtyku po Morze Japońskie i od Arktyki po Hindukusz i Pamir. Nazywane Imperium Zła, władające jedną połową świata, a drugą trzymające w nieustannym strachu, upadło, legło w gruzy jak wcześniej wszystkie jemu podobne.

Usłużne i jeszcze niedawno sparaliżowane strachem prowincje jedna po drugiej otrząsały się z niemocy, ogłaszały niepodległość. Ogłosiła ją i Gruzja, a Kistowie, jej obywatele, sto lat po tym, jak uznali się za Gruzinów, niespodziewanie dla samych siebie odkryli w sobie dawnych Czeczenów.

Kaukascy górale, a zwłaszcza Czeczeni, od lat wyprawiali się za chlebem w głąb Rosji, na Powołże, do północnej stolicy w Sankt Petersburgu i tej głównej, w Moskwie, ale także aż za Ural, a nawet na Syberię. Ale dla Kistów, którzy teraz ruszyli w ślad za nimi, dziwem nad dziwy była już czeczeńska stolica Grozny, wzniesiona przez Rosjan jako najpotężniejsza z ich twierdz na Kaukazie.

Podziwiali jej wielkomiejskość, bogactwo i rozmach, zdumiewali się grozneńskimi rafineriami i wielkimi fabrykami zapewniającymi zajęcie i zarobek, jakich zaczęło brakować w dolinie Pankisi. Przepełniała ich także duma, że do takich wspaniałości doszli Czeczeni, ich kuzyni, ich krew.

Jak ubodzy krewni z dalekiej prowincji, z zabitego deskami zaścianka, nie mogli się napatrzeć wielkości Groznego, a ciesząc nią oczy, czuli, że udziela się ona także im samym, że rosną we własnych oczach, a inni zaczynają na nich spoglądać z większym szacunkiem, a nawet z podziwem.

Było im trochę wstyd, że w odwiedziny do Czeczenów wyprawili się dopiero wtedy, gdy w Gruzji przycisnęła ich bieda. I że nie odnowili braterstwa krwi wcześniej, gdy żyli razem w jednym kraju rządzonym przez Rosjan, a w gości zaczęli wybierać się, gdy rozdzieliła ich państwowa granica Rosji i Gruzji. Północne, czeczeńskie zbocza znalazły się po rosyjskiej stronie, a południowe przypadły Gruzji. Ale nie myśleli o tym za wiele, przywykli do życia w górach, gdzie granice wyznaczały przełęcze i górskie wierzchołki, a nie wykreślone na mapach linie.

Z zachwytem odkryli, że Czeczeni, najliczniejszy i najpotężniejszy z ludów północy Kaukazu, mówią tym samym co oni językiem, tak samo się modlą, mają te same zwyczaje, że w ogóle niemal się między sobą nie różnią. „A więc jesteśmy

Czeczenami!" – zakrzyknęli Kistowie z radością, której smak psuła im wszakże gorzka myśl, że wypierają się oto Gruzinów, odpowiadają niewdzięcznością tym, którzy ich kiedyś przygarnęli.

Gruzini istotnie poczuli się zdradzeni. Tym bardziej że w jednej z wojen, jakich wiele wybuchło wtedy na Kaukazie, Czeczeni stanęli do walki po stronie gruzińskich nieprzyjaciół, Abchazów, i pomogli zgotować Gruzinom upokarzającą klęskę.

W tamtych czasach, po rozpadzie imperium, wszyscy jego dawni poddani zadawali sobie pytanie, kim są? A kim nie są? Czym różnią się od innych, kto komu winien ustąpić pierwszeństwa, czyja krew jest lepsza?

Nagły pęd do poszukiwania swoich korzeni i odkrywania tożsamości wywołał nową wędrówkę ludów. Jedni wracali do siebie, inni brali nogi za pas, by uciec co prędzej i jak najdalej od miejsc, gdzie uznano ich za wrogów i zdrajców.

Z doliny Pankisi nikt nikogo nie wypędzał, ale nawet i tam, na końcu świata, swoi zaczęli wyjeżdżać do swoich, przeprowadzać się, żeby mieć za sąsiadów kuzynów i ziomków.

Wyjechali Osetyjczycy, którzy też wdali się w wojnę z Gruzinami. Bliżej swoich wynieśli się Tuszynowie, Pszawowie i Chewsurowie. W ten oto sposób prawie cała dolina przypadła Kistom, którzy także coraz liczniej zaczęli się przeprawiać przez kaukaski grzbiet na północ, do Czeczenów.

Widząc, jak wyruszają w drogę, Gruzini przestali uważać ich za swojaków, ale i czeczeńscy bracia wcale nie witali ich z otwartymi ramionami, nie uznawali ich za sobie równych, lecz spoglądali jak na dalekich i nieco nieokrzesanych kuzynów.

Kaukaska wędrówka ludów zdawała się zresztą nie mieć końca. Napędzana i żywiona łaknieniem wolności, nienawiścią i wojnami, które wybuchły w nowych miejscach lub na dopiero co przycichłych polach starych bitew, gnała kaukaskich górali ze wschodu na zachód i z północy na południe.

Wojna, i to największa ze wszystkich na Kaukazie, wybuchła także w Czeczenii, gdzie miejscowi górale, biorąc za wzór Gruzinów, również obwieścili, że chcą żyć we własnym państwie, i ogłosili jego niepodległość.

Dwie wielkie wojny, które niemal jedna po drugiej przetoczyły się przez Czeczenię na przełomie stuleci, zrównały zbuntowaną krainę z ziemią i zdziesiątkowały jej mieszkańców. Z Kaukazu w cztery strony świata ruszyły rzeki uciekinierów, a Kistowie zwabieni wcześniej jasnymi światłami i bogactwem czeczeńskiej metropolii, Groznego, teraz zawrócili przez góry do spokojnej doliny Pankisi, licząc, że Gruzini wybaczą im i nie zatrzasną przed nimi drzwi. Gruzini nie okazali się pamiętliwi i przygarnęli tułaczy. W ślad za Kistami na gruzińską stronę ruszyły tysiące Czeczenów. Teraz, w potrzebie, chętnie przyznawali się do pokrewieństwa z zapomnianymi kuzynami

W niewielkiej dolinie zrobiło się tłoczno. W pewnej chwili przybyszów z Czeczenii zrobiło się więcej niż miejscowych Kistów, a Gruzini zaczęli kręcić nosami, że Pankisi i jej okolice nie należą już do Gruzji, lecz stały się nową prowincją Czeczenii.

Władzę w dolinie przejęli czeczeńscy komendanci partyzanccy, którzy kryjąc się wśród cywilów, przemknęli przez góry, by po gruzińskiej stronie wylizać rany, zebrać siły i skrzyknąć nowe wojsko. Wraz z partyzantami przybyli do Pankisi także ich mułłowie, nauczający, że solidarność w wierze powinna brać górę nad więzami krwi, a męczeńska wojna o zbawienie jest ważniejsza niż walka o wolność. Z mułłami zaś przywędrowali muzułmańscy ochotnicy, którzy zwiedziawszy się o wojnie na Kaukazie, ogłosili ją świętą i ściągali z całego świata, by uczestnicząc w niej, spełnić swoją religijną powinność i – gdyby Allah okazał się aż tak łaskawy – zginąć męczeńską śmiercią za wiarę i zyskać tym sobie zbawienie.

Rozgościwszy się u Kistów w dolinie, cudzoziemscy rycerze świętej wojny, mudżahedini, ale także czeczeńscy mułłowie i partyzanci, mając za nic wymogi etykiety, zaczęli wytykać gospodarzom, że nie znają Koranu ani jego praw i – co może i zrozumiałe, ale niewybaczalne – ich nie przestrzegają. Nie żyją, jak Pan Bóg przykazał, a nawet nie potrafią wznosić do niego modłów jak należy.

Nie mogli się pogodzić z tym, że muzułmanie w dolinie piją wino i zachodzą do świątyń swoich sąsiadów chrześcijan w odwiedziny. „Wierzycie w gusła i klechdy! Żyjecie jak poganie! – załamywali ręce. – Pora! Pora najwyższa się nawrócić!"

Starszyzna Kistów, oburzona nieobyczajnością przybyszów, ani myślała tego słuchać. Za to młodzi, którym dokuczała już surowa i bezwzględna kontrola ojców i dziadków, w wezwaniach mułłów do pobożności, poznania prawdziwej wiary i drogi do zbawienia dostrzegali szansę na poluzowanie krępujących ich więzów i poszerzenie swojej wolności.

Do wolności i buntu przeciwko starszym zachęcali młodych Kistów także Gruzini, zapatrzeni w daleką Europę i jeszcze dalszą Amerykę, tamtejsze bogactwo, niczym nie ograniczoną swobodę, obyczajowy luz, prawie rozwiązłość, a zwłaszcza święty, niemal powszechny całkowity zakaz zakazywania czegokolwiek.

W tamtym czasie panowało na świecie, a zwłaszcza na Zachodzie, powszechne przekonanie, że szyte na europejską miarę porządki są szczytowym osiągnięciem ludzkości i da się je zaprowadzić wszędzie i z pożytkiem dla wszystkich. Na Syberii i na Saharze, pod Hindukuszem, na arabskich piaskach i w kongijskiej dżungli, w sercu Afryki. Tym bardziej Europę powinno dać się zbudować na bliższym jej Kaukazie.

„Będziemy żyli jak oni, ci z Nowego Jorku, Berlina i Paryża – kusili Gruzini. – Trzeba tylko ich naśladować, starać się być jak oni, być Europejczykami. Jeśli więc jesteście Gruzinami, a jesteście, bo u nas mieszkacie, jesteście też jak my, Gruzini, Europejczykami".

„Jesteśmy!" – przytakiwali z wypiekami na twarzach młodzi Kistowie.

„Nieważne, czy jesteście Kistami, Czeczenami czy Gruzinami. Przede wszystkim jesteście muzułmanami i tylko to się liczy – szeptali do drugiego ucha brodaci mułłowie i pielgrzymi z Arabii. – Zachód wyparł się swojego Boga, na Zachodzie Bóg umarł. A Allah jest wielki. *Allahu akbar!* W imię Boga! *Bismillah!* Nie dajcie się skusić podszeptom szatana, nie schodźcie z dobrej drogi. Nie grzeszcie, nie czyńcie zła, lecz myślcie o zbawieniu".

Tym Kistom, którzy uwierzyli, że są Europejczykami, przyszło wraz z Gruzinami stoczyć kolejną wojnę z Rosją, którą zawsze drażniły wyniosłość i zachodnie fantasmagorie Gruzinów. Ci zaś, którzy posłuchali świętobliwych imamów, najpierw wyprawiali się na naukę do muzułmańskich akademii w arabskich stolicach, a kończyli jako rycerze świętej wojny, mudżahedini, walcząc w bitwach pod Bagdadem, Mosulem, Damaszkiem i Aleppo.

– A może to sami skazaliśmy się na tę wieczną tułaczkę? – zachodziła w głowę Lara. – No bo jeśli ktoś porzuca miejsce pod słońcem, które zostało mu wyznaczone, i wyrusza w świat za lepszym życiem, to czy sam nie ściąga na siebie klątwy, która sprawi, że już nigdy nie przestanie wędrować i szukać bez końca czegoś, czego nigdzie i nigdy nie znajdzie?

Mówiła też, że nie potrafi sobie przypomnieć, z jakiej książki pochodzi wyczytane przez nią niegdyś zdanie, które z jakiegoś nieznanego jej powodu zapamiętała na całe życie. „Plemiona skazane na sto lat samotności nie mają już drugiej szansy na ziemi". Tak to mniej więcej brzmiało, ale nie pamiętała, czy pochodziło z jakiejś starej baśni, czy z powieści, którymi się kiedyś bez pamięci zaczytywała. A może z podręcznika do nauki historii albo z dramatu napisanego do wystawienia na teatralnej scenie?

Bardzo ją złościło, że nie umie ufnie i swobodnie cofać się pamięcią w dawne czasy, przeskakiwać wedle życzenia pośród wszystkiego, co już było, grzebać się w zakamarkach zdarzeń minionych.

– Głupstwo! Stare dzieje! – mówiła w końcu zniechęcona. – Odwykłam od książek. Ale pamiętam dobrze, że tak to właśnie szło: Plemiona skazane na sto lat samotności nie mają już drugiej szansy na ziemi. Czasami się zastanawiam, czy to aby nie o nas?

– Bo co – tłumaczyła – można powiedzieć o kimś, kto po stu latach zaczyna się zastanawiać, kim tak naprawdę jest? Chyba tylko jedno: że zatracił się lub siebie wyparł, a potem przez cały ten czas był nikim. Zrozumiałe więc, że brakuje mu pewności, wiary, a czując się gorszy, stara się jedynie upodobnić do tych, którzy go przewyższają. Nie próbuje im dorównać, lecz jedynie naśladuje. A w końcu, nawet kiedy osiągnie zamierzony cel, odniesie zwycięstwo, nie potrafi się nim cieszyć, bo nie wie nawet, czemu je zawdzięcza. Potrzebne nam to było? Co nam dobrego z tego szukania siebie przyszło?

Dawny znajomy jej kuzyna Alego i jej synów, ich szkolny kolega z sąsiedniej wioski, zapragnąwszy stać się Gruzinem i Europejczykiem, wstąpił do gruzińskiego wojska. Z wyróżnieniem pokończył kursy szkoleniowe w Europie i Ameryce, dosłużył się oficerskiej szarży, walczył mężnie na wojnie z Rosjanami. Ale po wojnie Gruzini wykluczyli go spośród siebie. Twierdził, że fałszywie go oskarżyli, pozbawili oficerskiego stopnia, usunęli z wojska, wtrącili do więzienia jak pospolitego złoczyńcę.

Wypuszczony na wolność wyjechał, jak inni Kistowie, za chlebem do Turcji. Tam dowiedział się o wojnie, która wybuchła tuż za granicą, w Syrii. Wkrótce ona również, jak wcześniej te z Palestyny, Kaszmiru, Afganistanu, Bośni, Kaukazu czy Iraku, została okrzyknięta świętą. Dla zarobku, ale też dla przygody i z braku lepszego zajęcia zaciągnął się na służbę do armii mudżahedinów walczących o utworzenie kalifatu, pierwszego sprawiedliwego wreszcie państwa Bożego, które miało objąć i Damaszek, i Bagdad, i wszystkie ziemie zamieszkane przez muzułmanów.

W służbie kalifatu zasłużył się tak bardzo, że wkrótce został nawet jednym z jego najważniejszych emirów. Sława, jaką zdobył, sprawiła, że przykład z niego postanowili wziąć inni Kistowie. Wszyscy w dolinie, znając się i pomagając sobie nawzajem, przywykli do myśli, że zawsze i wszędzie mogą liczyć na wsparcie kuzyna czy krajana. Na wieść o triumfach i karierze, jaką ich ziomek robił w kalifacie, wyprawiali się do Syrii, licząc, że znajomy emir nie opuści ich w biedzie, poprowadzi do wielkich zwycięstw, zapewni nieśmiertelną chwałę i łupy.

Znalazł się wśród nich i Ali, choć przyznawał, że na wojnę pojechał głównie dlatego, że w dolinie przycisnęła go bieda i nie mógł dłużej znieść obezwładniającego poczucia beznadziei i bezsensu istnienia.

Pojechali do Syrii także synowie Lary, by na świętej wojnie spełnić swoją religijną powinność i jako mudżahedini zasłużyć na zbawienie. Za nimi wyruszyła w drogę i sama Lara, by ustrzec ich przed nieszczęściem i śmiercią, choćby i tą męczeńską, otwierającą bramy Raju. Wierzyła, że przekona ich, że trzeba żyć, nie umierać.

Do Syrii wybrałby się zapewne i Omar, gdyby nie to, że wcześniej stracił wiarę w wojnę, w życie, a nawet w śmierć.

* * *

– Jestem Lara. I nie wiem, co jeszcze mogę o sobie powiedzieć.

W błękitnej chustce na głowie i obszernej, długiej do kostek spódnicy przypominała wieśniaczkę, która przerwała pracę w polu, by przysiąść na chwilę na pogaduszki z sąsiadkami.

Nie pasowała do wielkiego miasta, a już z pewnością nie do restauracji McDonald's, którą wybrała na miejsce spotkania. Nie wiem zresztą, gdzie i czy w ogóle był na świecie i jak wyglądał zakątek, o którym dałoby się powiedzieć, że jest w tym momencie odpowiednim dla niej miejscem i tam, a nie gdzie indziej powinna przynależeć.

– Od czego mam zacząć? I jak to poskładać? Gdzie początek, gdzie koniec? Sama już nie wiem. – Bezwiednie i cierpliwie poprawiała włosy, które jakby psocąc, nieustannie wymykały się spod chustki. – Taką długą drogę mam za sobą. Już myślałam, że się nigdy nie skończy.

Miała ociężałą postać i twarz zbolałej, pokonanej przez los kobiety, która potrzebuje jedynie odpoczynku. I tylko w jej oczach i w jej głosie życie paliło się młodym, żwawym, jasnym ogniem, nie zostawiając miejsca na gorycz i zwątpienie. Mówiła o obezwładniającym ją zmęczeniu, ale wystarczyło wtedy na nią nie patrzeć, by ulec złudzeniu, że jest wędrowcem narzekającym na trudy podróży, ale nie mogącym doczekać się dalszej drogi, kolejnych przeszkód do pokonania, następnych niedosięgłych szczytów do zdobycia. Złudzeniu temu ulegał każdy, kto prowadzony opowieścią Lary zmierzał za nią koleinami jej życia.

– Zimno się zrobiło – powiedziała, zacierając dłonie i poprawiając pod brodą chustkę. – Tylko patrzeć, a będzie zima.

Poprzedniego dnia w Tbilisi spadł pierwszy tej jesieni zimny deszcz, a wieczorem wiatr pozrywał z drzew ostatnie liście i ciskał je pod nogi skulonym przechodniom i w reflektory samochodów na śródmiejskich alejach. Rano w radiowych wiadomościach podano, że w górach Kaukazu spadł śnieg i niepogoda może się utrzymać przez kilka dni, co najmniej do końca tygodnia.

Z parteru restauracji dobiegał nieśmiały, ale coraz donośniejszy gwar, a z kuchni i baru pięły się w górę schodami wonie gorącego oleju i parzonej kawy. „Hamburger i podwójne frytki, proszę! Dwa razy koktajl czekoladowy!" Na piętrze wciąż było jednak pusto i cicho, a świeżo umyta podłoga pachniała mydłem.

Zastanawiałem się, dlaczego na miejsce spotkania wybrała akurat bar szybkiej obsługi McDonald's. Jak w każdym innym zakątku świata zaglądała tu głównie młodzież, rozkrzyczana, pazerna na życie, niecierpliwa.

Wiedziałem, że Lara zna miasto, ale nie wyglądała na bywalczynię lokali specjalizujących się w smakołykach kuchni gruzińskiej i z pogardą odnoszących się do przywleczonego z Ameryki McDonald'sa. Ktoś, kto umawiał się na spotkanie w gruzińskiej restauracji, musiał być gotów spędzić w niej dłuższy czas. Przygotowanie potraw zabierało więcej czasu, nigdy nie kończyło się na jednym czy dwóch daniach, a cierpliwości wymagał również pielęgnowany przez wieki rytuał biesiady. Nie wypadało nagle się zerwać, wymówić pilnym telefonem czy jakimś innym nadzwyczajnym zdarzeniem. Bar szybkiej obsługi McDonald's nie narzucał żadnych czasowych rygorów, żadnych ceremoniałów. Dawał za to gwarancję anonimowości i możliwość natychmiastowej ucieczki pod byle pozorem. Kilka łapczywych kęsów, kilka pospiesznych łyków herbaty lub kawy i można się było żegnać, wyjść niepostrzeżenie, nie zwracając niczyjej uwagi.

Może właśnie tego potrzebowała? Chciała mieć pewność, że w każdej chwili będzie mogła przerwać spotkanie i opowieść, gdyby dalsza rozmowa okazała się ponad siły? A może po prostu McDonald's leżał najbliżej domu, w którym zatrzymała się w Tbilisi przed wyruszeniem w dalszą drogę.

Nie chciała nic jeść ani niczego zamawiać.

– Może chociaż herbatę? – namawiałem.

– Herbatę? No dobrze, może być. – Spojrzała nieobecnym wzrokiem. – Herbata dobrze mi zrobi, poproszę.

Kiedy wróciłem na piętro z tekturowymi kubkami, siedziała tak, jak ją zostawiłem, w tej samej pozie, z tym samym wyrazem twarzy. Chyba się nawet nie poruszyła.

Szukałem dobrych słów, ale sama zaczęła rozmowę.

– Kiedy straciłam męża, a potem zginęli obaj bracia, myślałam, że wojna to męska sprawa i kobietom nic do tego. Ale synów oddawać już nie chciałam. Matką byłam, miałam do nich większe prawo. – Mówiła o wojnie, która jak klątwa wlokła się za nią krok w krok, nie pozwalając o sobie zapomnieć i odbierając po kolei wszystko, co kochała i co miało dla niej wartość. – Pojechałam za nimi w świat, przez Turcję aż na pustynie Arabii, błagać, żeby wrócili do domu, do mnie. Że do mnie należą i mnie, matce, są winni posłuszeństwo. Ale nawet nie chcieli mnie słuchać. Ja swoje, oni swoje. Mówili w kółko, że ich losem jest męczeńska śmierć, która da im zbawienie. A mnie kazali się zabierać do domu. Wróciłam, bo i gdzie się miałam podziać? Co ze sobą zrobić? Czy się komu podoba, czy nie, póki śmierć po człowieka nie przyjdzie, żyć trzeba dalej. Nawet jak się człowiekowi wydaje, że nie ma już po co żyć i modli się o śmierć. No to wracam do domu.

Dom Lary stał w wiosce Dżokolo, jednej z siedmiu, jakie rozłożyły się w dolinie Pankisi przeciętej rzeką Alazani. Kiedyś wsie leżały z dala od siebie, rozdzielone łąkami. Z czasem jednak rozrosły się, rozpanoszyły, pozajmowały każdy wolny skrawek ziemi i dziś tylko najstarsi z miejscowych potrafią rozpoznać, gdzie kończy się jedna wieś, a gdzie zaczyna następna.

Wioski w Pankisi leżą po obu brzegach rzeki i biegnącej wzdłuż niej drogi łączącej dolinę z resztą Kachetii. Jest to żyzna kraina, z której pochodzą najszlachetniejsze w całym kraju wina, najsłodsze winogrona, najsoczystsze jabłka, wiśnie, arbuzy i melony, najlepsze orzechy, kukurydza i tytoń. Sękate drzewa owocowe rosły także w sadzie Lary w wiosce Dżokolo, a pnącza winorośli porastały rusztowania, jakie jej ojciec porozstawiał wokół domu, a także na szerokiej werandzie i balkonach. Latem gęsty, żywy dach z ciemnozielonych liści dawał przyjemny cień ratujący przed palącym słońcem. Można się też było chować pod nim przed ciepłym deszczem i burzami przewalającymi się nad widocznymi jak na dłoni skalistymi górami.

Dom, w którym Lara przyszła na świat i dorastała, był duży, piętrowy, rozłożysty, jak wszystkie na Kaukazie. Musiał pomieścić nie tylko liczne, składające się z kilku pokoleń rodziny tamtejszych górali. Nie powinno w nim także zabraknąć miejsca dla przybyłych z wizytą krewnych, gości, a nawet przygodnych podróżnych, których przygarnięcie było w górach świętym obowiązkiem. Stał na skraju wsi, dalej od drogi, na porośniętym wysoką trawą zboczu, wśród pastwisk i wielobarwnych łąk, na których bawili się jako dzieci.

Było ich w domu sześcioro rodzeństwa, cztery dziewczęta i dwóch chłopców, najmłodszych, którzy przyszli na świat, gdy ojciec Lary tracił powoli nadzieję, że doczeka się syna, dziedzica rodu.

Żyli biednie, ale nie gorzej ani nie lepiej niż inni we wsi. W wioskach w dolinie nigdy się nie przelewało, a poza pasterstwem i uprawą przydomowych poletek, ogrodów i sadów innego zajęcia nigdy tu nie było. Ci, którzy zostawali w dolinie, godzili się żyć jak ich ojcowie i dziadkowie, według takich samych jak przed laty reguł i wartości, przemierzać od nowa utarte od pokoleń szlaki. Nieliczni, którzy decydowali się porzucić oswojone życie i wyjeżdżali w daleki świat za chlebem, zwykle już nie wracali.

Lara nigdy nie myślała, że mogłaby żyć poza doliną. Miała tu wszystko, czego potrzebowała. Wszystko jej się tu podobało, wszystko było na swoim miejscu, niczego nie chciała zmieniać. Lubiła swój dom, zawsze schludny i pełen życia, lubiła rozkład pokojów, meble, a nawet skromne kobierce na ścianach i firanki w oknach. Lubiła jego niezmienność, a żeby jej dopilnować, chętnie pomagała matce w domowych porządkach. Lubiła też przyglądać się z werandy widocznej w dole rzece Alazani, która spadając ze skalistych, stromych zboczy Kaukazu, w dolinie traciła nagle impet i rozlewała się w płytkie zakola, płynęła dalej, w dół przez całą Kachetię, pojąc swoimi wodami tamtejsze winnice, sady, ogrody i pola. Jako dzieci latem chodzili się w niej kąpać, pływali po niej na samochodowych oponach. Najwięksi śmiałkowie wspinali się na nadbrzeżne głazy i skakali do wody, popisując się zręcznością i brawurą. Starsi chłopcy zapuszczali się czasami w górę rzeki łowić pstrągi, które potem piekli wieczorami przy ogniskach. Za dnia bystra i szemrząca, po zmierzchu lub przy pochmurnej pogodzie woda w Alazani tężała, przybierała postać i barwę ołowiu.

Przy dobrej pogodzie z werandy widziała też Lara wyraźne, choć odległe skaliste szczyty Kaukazu. Ojciec nauczył ją rozpoznawać najwyższą w tej okolicy górę Tebulos, wyznaczającą granicę między Gruzją i ziemiami Czeczenów.

Wypatrując dalekich gór, Lara najbardziej lubiła przyglądać się porastającym je gęstym lasom. Zwłaszcza jesienią, gdy dęby i buki, graby i kasztany przybierały barwy żółci, złota, miedzianych czerwieni, stu odcieni purpury i brązu. Zbiegało się to z porą ostatnich prac w polu, zbiorem winogron, orzechów i jadalnych kasztanów, po które wieśniacy wyprawiali się wysoko w góry, aż do rezerwatu Bacara, gdzie można było natknąć się na koziorożce, rysie, wilki, a nawet niedźwiedzie.

Wczesna jesień była zresztą ulubioną przez Larę porą roku. Najpierw zaczynała się nauka w szkole, której jako mała dziewczynka nie mogła się doczekać. Lubiła się uczyć i lubiła codzienną powtarzalność lekcji odbywających się według podanego przez nauczycieli planu zajęć, którego nic ani nikt nie był w stanie unieważnić czy zmienić.

Lubiła wczesną jesień, wciąż pogodną i ciepłą, bo po monotonii upalnych letnich wakacji wnosiła w jej życie przyjemne urozmaicenie. Lara nie przepadała za zmianami, ale jeszcze bardziej nie znosiła bezczynności.

Jesień, poza szkołą, zapowiadała zaś w dolinie wydarzenia ważne i wyczekiwane, powtarzające się z każdym rokiem o swojej, właściwej porze. Z poletek, ogrodów i sadów zbierano ostatnie plony, a zaprzężone w osły dwukołowe powozy, arby, zwoziły do zagród pomarańczowe kukurydziane kolby, skrzynki jabłek, ale także chrust zbierany w lasach na opał. Na miedzach paliły się ogniska, z których siwy dym snuł się nisko nad ziemią i rozmywał nad brzegiem rzeki.

Pod wieczór utrudzeni mieszkańcy doliny ściągali do domów, a przed spoczynkiem rozsiadali się jeszcze na podpierających płoty drewnianych ławkach, żeby porozmawiać z sąsiadami, wymienić się nowinami albo po prostu nacieszyć towarzystwem.

Dolina zaczynała się już szykować do zimy, bez pośpiechu, powoli, tak by niczego nie zapomnieć. Larze czas ten kojarzył się z czymś uroczystym, ze świętami, poprzedzanymi przecież przygotowaniami i porządkami, w których tak bardzo lubiła uczestniczyć, pomagać matce.

Zima zamykała dolinę na głucho, a pozbawieni zajęcia mieszkańcy, aby zabić czas, odwiedzali się po domach, zbierali wieczorami za stołem, żeby przy winie śpiewać stare pieśni, snuć wspomnienia i opowiadać baśnie o dawnych dziejach. Młodsi bracia Lary przepadali zwłaszcza za opowieściami o sławnym na cały Kaukaz rozbójniku Dżokolo.

– Znasz opowieść o Dżokolo? – Lara ożywiła się nagle i popatrzyła na mnie z ukosa, badawczo. – U nas znają ją wszyscy.

Powiedziałem, że nie, a ona uśmiechnęła się, jakby sprawiała jej przyjemność myśl, że opowie tę historię komuś, kto usłyszy ją po raz pierwszy.

– Od niego wzięła się nazwa naszej wsi, a teraz myślę, że może nie tylko nazwa... Jakby jego los przynależał do tego miejsca i czekał tylko, żeby go tknąć, a wtedy zawładnie ludźmi i ich zmieni. Tak jak zmienił moje dzieci. I po tym wszystkim sama nie wiem, czy to się obraca na dobre, czy na złe.

Milczała przez chwilę, a potem zaczęła zupełnie innym tonem, jakby recytowała z pamięci.

– Umiłowawszy sobie ponad wszystko wolność, nie zamierzając słuchać żadnych zakazów ani zginać karku przed żadnym, nawet najpotężniejszym królem czy szachem, Dżokolo skrzyknął oddział podobnych sobie rzezimieszków i wyjętych spod prawa banitów i na ich czele żył dziko w górach, łupiąc bogaczy, wojewodów i poborców podatkowych. Biedaków nie krzywdził, bo i z czego niby miałby ich rabować? Wolał, żeby z wdzięczności czy ze strachu przed nim pomagali mu, ukrywali przed ścigającymi policjantami i wojskiem, ostrzegali przed niebezpieczeństwem, oddawali mu synów do partyzantki, a jeśli zajdzie taka potrzeba, nie odmawiali schronienia ani pomocy. I tak właśnie było – ubodzy wieśniacy z kaukaskich wąwozów podziwiali go, a wielu widziało w nim nawet swojego obrońcę, bohatera. Takich jak on nazywano na Kaukazie abrekami, a imię to oznaczało zarówno wyrzutka, jak mściciela. Chłopcy z górskich aułów niemal bez wyjątku marzyli, żeby, gdy dorosną, stać się sławnym rozbójnikiem, jak Selim Chan czy Dżokolo, albo przynajmniej dołączyć do rozbójnickiego oddziału. Ale nawet takiemu śmiałkowi jak Dżokolo musiała się kiedyś powinąć noga. Przez wiele lat wymykał się pogoni, ale w końcu żołnierze wytropili go w dolinie Pankisi i otoczyli w domostwie, w którym się ukrył. Dżokolo znalazł się w potrzasku. Zrozumiał, że nie ma żadnych szans, by z garstką swoich partyzantów wygrać bitwę z kilkakrotnie liczniejszymi i lepiej uzbrojonymi żołnierzami, jeszcze raz wyrwać się z oblężenia. Ale nie chciał też umierać, życie wydawało mu się wciąż miłe. Podjął rokowania z książętami z Kachetii i po długich targach przystał na ich warunki. Zgodził się złożyć broń i rozpuścić partyzancki oddział, a także zwrócić te zrabowane skarby, których jeszcze nie zdążył rozdać. Wyrzekł się rozbójnictwa i poprzysiągł kachetyjskim książętom pokój. Oni zaś zgodzili się, by wraz z braćmi, partyzantami wybrali sobie dowolne miejsce w dolinie Pankisi, pobudowali tam swoje domy i zaczęli nowe życie. Abrecy upatrzyli sobie miejsce nad rzeką Alazani, które potem zaczęto nazywać imieniem ich przywódcy, Dżokolo.

Od opowieści o rozbójnikach Lara wolała legendę o pasterzach z północnych zboczy Kaukazu, którzy szukając w górach zabłąkanych owiec, sami zgubili drogę w gęstym nieznanym lesie i zawędrowali aż na gruzińską stronę, do doliny nad rzeką Alazani. Zatrzymali się tam na noc, a nazajutrz o poranku tak zachwycili się miejscem, które wybrali na postój, że zdecydowali się pozostać tam już na zawsze. Podjęcie tego postanowienia ułatwiło im odkrycie źródła, które wybiło nocą w miejscu, gdzie wetknęli w ziemię kije służące im do wspierania się podczas przeprawy przez góry. A w najwyższe zdumienie wprawił ich widok jaskółek, wijących gniazdo na pasterskich kijach. Pasterze uznali to za jasny znak, obok którego nie wolno im było przejść obojętnie.

Lara lubiła słuchać legendy o zbłąkanych pasterzach, ponieważ była ona potwierdzeniem wszystkiego, w co wierzyła, i obietnicą wszystkiego, czego pragnęła. Dolina była jej domem i przeznaczeniem, tu miała żyć i tu się miały spełnić wszystkie jej marzenia. Niczego nie trzeba było zmieniać, niczego przyspieszać. Wystarczyło tylko pozwolić, by sprawy potoczyły się swoim biegiem, by zdarzyło się, co się miało zdarzyć, by wypełnił się los.

Nic dziwnego, że Lara nie mogła się tych zimowych wieczorów doczekać, a wsłuchana w gawędy i śpiewy modliła się, by się ciągnęły jak najdłużej, żeby nic ich nie zakłóciło. Czuła, że dopóki trwały te zimowe, spokojne wieczory, nic więcej do szczęścia nie było potrzebne. Ani jej, ani mieszkańcom doliny, która z niewielkiego skrawka ziemi wciśniętego między górskie łańcuchy stawała się samoistnym, oddzielnym światem.

Nawet gdy wyrosła na poważną pannę na wydaniu, świat Pankisi nigdy nie wydawał się Larze ciasnym zaściankiem, dusznym, krępującym ruchy i myśli miejscem, z którego należało się co prędzej wyrwać. Wiedząc, co spotkało innych, każdy z grubsza wiedział też, co i kiedy czeka jego samego, jak potoczą się jego losy, na co może liczyć, a czym lepiej sobie nie zawracać głowy, nie marnować czasu.

Niezmienność rzeczy dawała ludziom w dolinie poczucie pewności i bezpieczeństwa. Dbali więc o nią jak o najcenniejszy skarb i największą świętość. Każde odstępstwo od tego co ustalone i znane, każda najmniejsza zmiana zapisywała się w pamięci jako wydarzenie niezwykłe. Przyjmowano je jednak jako coś niepokojącego, zakłócającego porządek i wprowadzającego niepotrzebny zamęt, a nie miłą odmianę nużącej monotonii.

W pamięć Lary wryły się dwa takie zdarzenia. Pierwszym był przyjazd do doliny znanego aktora, który na szkolnej akademii czytał wiersze gruzińskiego poety Waży Pszaweli.

Lara, ma się rozumieć, słyszała już wcześniej o Pszaweli, uczyła się o nim w szkole. Podziwiała, że porzucił bogactwo i światowe życie w Telawi, Tbilisi, a nawet dalekiej Moskwie, żeby wrócić do swojej wioski i żyć jak prosty chłop. Z dawnym życiem porzucił nawet rodowe nazwisko i przybrał nowe, od imienia wsi, w której żył. Współcześni mieli go za dziwaka, ale kochali jego wiersze i gdy umarł, cała Gruzja pogrążyła się w żałobie.

Koleje życia Pszaweli utwierdzały tylko Larę w przekonaniu, że Pankisi jest jej właściwym światem, a jej uwielbienie dla doliny potęgowały jeszcze wiersze poety, pełne zachwytu i miłości dla przyrody i mieszkańców górskich wąwozów.

Kiedy znany aktor deklamował wiersze w szkolnej świetlicy, jej koledzy, usadzeni za karę w pierwszym rzędzie, dusili się ze śmiechu, widząc, jak pluje śliną, stroi miny i przewraca oczami, by przybrać uduchowioną pozę (rozzłoszczony artysta zażądał w końcu, żeby urwisów usunąć, bo w przeciwnym razie będzie zmuszony przerwać spektakl). Zanim rozpoczął swój występ, znany aktor uroczystym głosem obwieścił, że zazdrości wszystkim zebranym na sali, bo mogą się uważać za ziomków, sąsiadów wieszcza. Słuchając jak zaczarowana wierszy, Lara wciąż nie mogła uwierzyć, że wioska, w której żył Pszawela, leży tak niedaleko od jej doliny.

Podczas występu znanego aktora na szkolnej akademii Lara po raz pierwszy doświadczyła zniewalającej potęgi sztuki. Poczuła, jakby dusza ją opuściła. Nie mogła oderwać oczu, gdy artysta deklamował wiersze, zwłaszcza te, które sama znała na pamięć. Oniemiała z zachwytu powtarzała za nim słowo po słowie, poruszając bezgłośnie ustami. Nie sądziła, że wiersze ze szkolnego podręcznika można przemieniać w muzykę, ożywiać, odgrywać głosem, twarzą, gestykulacją. Wrażenie, jakie odniosła, było tak poruszające, że przerodziło się w pragnienie, by samej uczestniczyć w podobnym misterium i też występować na scenie.

Niedługo po wizycie aktora w jej domu pojawił się dawny znajomy ojca, który przed laty wyjechał z doliny na drugą stronę gór. Wrócił wezwany telegramem na pogrzeb jednego z kuzynów w Pankisi. Podczas pobytu w wiosce odwiedzał starych przyjaciół i tak trafił do ich domu.

Opowiadał o bogatym i wielkim mieście i życiu tak bardzo różnym od tego, które niegdyś wiódł wraz z nimi w dolinie. Mówił, że zdarza mu się za nim tęsknić, ale tak jak się tęskni za czasami, które już minęły, za młodością, której nikt nie zwróci. Nie zamieniłby jednak swojego życia w czeczeńskim mieście na to w dolinie.

– Tam wszystko jest większe, szybsze, wszystkiego więcej – powiedział. – A tutaj u was to chyba nawet martwić się nie ma za bardzo czym.

W wielkim mieście, w którym żył wśród Czeczenów, domy były wielkie jak tutejsze góry, a ulice szerokie jak wąwozy. Ludzie jeździli po nich samochodami nawet nocą, którą do rana rozświetlały latarnie i lampy w oknach domów. Kobiety zaś, jeśli tylko takie było ich życzenie, mogły chodzić do pracy jak mężczyźni.

– U nas też są wielkie domy. W Tbilisi. Widziałam! – wykrzyknęła Lara, która przysłuchiwała się rozmowie dorosłych. Była raz w gruzińskiej stolicy ze szkolną wycieczką i był to pierwszy raz, kiedy wyjechała z doliny. – I teatry!

Zamarła ze strachu, bo u Kistów nie przyjęto, by dzieci, a zwłaszcza dziewczynki, odzywały się niepytane w obecności dorosłych. Ojciec spojrzał na nią surowo, ale jego gość uśmiechnął się tylko i pogładził ją szorstką dłonią po policzku.

– Twoje Tbilisi do mojego miasta ma się jak drewniany zameczek do pałacu – odparł. – Teatr też mamy, a jakże! Niejeden. Możesz do nich chodzić choćby co wieczór.

Lara zapamiętała tę rozmowę i nabrała ciekawości do miasta, w którym co wieczór wystawiano przedstawienia. I gdzie żyli Czeczeni, spośród których wywodzili się mieszkańcy Pankisi.

Ale nadal wierzyła niezłomnie w samowystarczalność i odrębność doliny, biorące się z jej położenia na uboczu, z dala od reszty świata, jego problemów, radości i zmartwień, od wszystkiego, co doliną już nie było.

Właściwa kraina Pankisi zaczyna się dopiero za rogatkami Akhmety, niewielkiego miasteczka z urzędami i sądami, którym podlegają wioski z doliny. A nawet jeszcze dalej, dopiero za ostatnimi wioskami i leżącymi za nimi zagajnikami, łąkami i ugorami, gdy dolina zwęża się i niepostrzeżenie przybliża do drogi, dopiero tam znajduje się właściwa brama Pankisi. Jest nią Duisi, największa z wiosek w dolinie. Jest tu jedyny w okolicy bazar, jedyny szpital, dom kultury, dwa meczety, a przede wszystkim ostatni w tej części posterunek policji.

– W miejscu, gdzie leży Duisi, dolina jest najszersza. Dalej, za Duisi, wioski ciągną się już jedna za drugą. – Kiedy Lara opowiadała o dolinie, jej twarz łagodniała, znikało z niej zmęczenie. – Na zachodnim brzegu ani się człowiek spostrzeże, a już jest w Dżokolo, a jeszcze krok i zaczyna się Birkiani, i na końcu Dzibachewi. Na wschodnim brzegu, za mostem, leżą trzy wioski Chalacani – Górne, Środkowe i Dolne, Dumasturi i Omalo, z którego przełęczami można przejść aż do Tuszetii. A na zachodzie za górami leży dolina Tianeti, w której żyją Chewsurowie.

Jako mała dziewczynka, pewnie jak wszystkie jej rówieśnice, te spod Gwiazdy Polarnej i te spod Krzyża Południa, marzyła, by zostać księżniczką. Taką jak te z baśni. Tak ją zresztą nazywały sąsiadki i przyjaciółki matki, które odwiedzały ich dom. Zachwycały się jej urodą, regularnymi rysami, oczami i włosami o barwie dojrzałych kasztanów. Przepowiadały jej udane życie, dobrego męża, dumę i radość, jakie przyniesie rodzicom.

Drugim, jeszcze większym, choć skrytym, ale może prawdziwszym, bo doroślejszym marzeniem Lary stało się występować na wielkiej scenie. Odgrywać przedstawienia, tańczyć i śpiewać pieśni, których zapamiętała tak wiele.

Kiedy opowiadała o tym w tbiliskiej restauracji McDonald's, uśmiechnęła się, jakby zawstydzona wspomnieniem dziecinnej zachcianki. Choć bardzo tego pragnęła, zdawała sobie sprawę, że najpewniej jej marzenie nigdy się nie spełni. Zapewniała, że gdyby nawet tak właśnie miało być, nie czułaby się rozczarowana i nie uznałaby swojego życia za nieudane. Nie pojmowała zresztą, jak można być z życia niezadowolonym, rozgoryczonym? Nawet jeśli nie wszystko potoczyło się w nim zgodnie z życzeniami.

– Życiem można się tylko cieszyć, czerpać z niego, ale trzeba i dbać o nie – powiedziała.

A marzenia?

– Marzenia są nie po to, żeby się spełniały, bo wtedy zaraz umierają – odpowiedziała. – Marzenia są po to, żeby nigdy nie przestawało się chcieć żyć. I po to, żeby o tym przypominały.

Długo nie działo się nic, co by zapowiadało, że w życiu Lary coś może pójść źle, że wystąpi ono ze swojego koryta jak rzeka wzburzona wiosennymi nawałnicami i lawinami, które zstępowały z gór. Wprost przeciwnie, wszystkie wydarzenia, zarówno te ważne, jak drobne, czyniły jej życie pełniejszym i lepszym i zdawały się obiecywać, że ziści się każde jej życzenie, a po chwilach radosnych i dobrych przyjdą jeszcze szczęśliwsze.

Po latach, kiedy pozwalała sobie na wspomnienia, trudno przychodziło jej czasami uwierzyć, że tamte lata zleciały tak szybko, przemknęły błyskawicą. A przecież wszystko tak dobrze pamiętała, jakby działo się wczoraj, mogłaby przysiąc, każde zdarzenie, każde słowo, myśl, wrażenie, uczucie.

Po szkole i maturze, którą zdała w gimnazjum w Pankisi, rodzice zgodzili się, by uczyła się dalej. Ich postawa nie była wyjątkiem, ale i nie regułą. Nastoletnim dziewczętom w dolinie pisane było raczej zamążpójście i rodzenie dzieci, a nie nauka.

Rodzice Lary, namówieni przez nauczycieli nie mogących nachwalić się talentów, pilności i ochoty dziewczyny do nauki, zgodzili się wypuścić ją z domu w świat. Znali ją, wiedzieli, że nie przyniesie im wstydu, nie zapomni się, a przede wszystkim nie zmieni i kiedy już się napatrzy świata i nim nasyci, wróci do doliny nad rzeką Alazani i wyznaczanego jej nurtem starego życia.

Lara złożyła podanie o przyjęcie do instytutu pedagogicznego w pobliskim Telawi, żeby być blisko domu, pod ręką w razie potrzeby. Na kachetyjskiej akademii nie było katedry sztuki, nie kształcono aktorów, pieśniarzy, muzyków ani tancerzy, lecz nauczycieli. Ale Lara nie narzekała.

Widziała siebie jako nauczycielkę w szkole, jak prowadzi lekcje, pisze na tablicy, tłumaczy wpatrzonym w nią dzieciom zawiłości algebry, odkrywa sekrety przyrody, uczy na pamięć wierszy. Czuła, że polubi to zajęcie i że nie będzie się ono wcale aż tak bardzo różnić od występów na scenie w teatralnych spektaklach czy podczas śpiewaczych koncertów. A jako nagroda czekać ją będzie ten sam podziw i aplauz, ta sama wdzięczność widzów i ta sama satysfakcja, jaką się odczuwa, należycie wykonując postawione zadania. Ale nie skończyła nauki, nie obroniła dyplomu, nie została też nauczycielką.

– Z przyczyn rodzinnych – ucięła krótko, gdy zapytałem o powód przerwania studiów.

Odnosiłem wrażenie, że o tej jednej rzeczy w życiu mówić nie chciała, a jej konsekwentny, niewzruszony opór nasuwał podejrzenie, że sprawa musiała dotyczyć uczuć. A o tym na Kaukazie mówić nie przyjęto.

Mężczyźni wzniosą przy stole toasty za miłość do matek, za wieczne braterstwo i przyjaźń. Będą się rozczulać własną wrażliwością, padną sobie w ramiona i nie będą wstydzić się łez, kiedy rozmowa zejdzie na umiłowaną ojczyznę. Nie okażą jednak czułości dzieciom, tłumacząc powściągliwość i skąpstwo uczuć troską i chęcią lepszego przygotowania ich do życia, które potrafi przecież być surowe. Ojców też otaczają raczej szacunkiem niż tkliwością, jakby okazywanie jej przynosiło starszym ujmę. A gdy ktoś spyta ich o miłość do kobiety, skwitują to wzruszeniem ramion albo odwrócą głowę i udadzą, że nie słyszą. Jakby okazywanie uczuć, a nawet mówienie o nich było czymś gorszącym lub pomniejszającym samo uczucie.

Przyuczone do powściągliwości przez kaukaskich mężczyzn, także kobiety niechętnie mówią o miłości przy obcych. Lara nie chciała nawet wymienić imienia męża.

Wyszła za niego, kiedy jeszcze kształciła się w Telawi na nauczycielkę. Poznali się podczas wakacji w wiosce Dżokolo. Pochodził z rodziny, która kiedyś mieszkała w dolinie, ale wiele lat temu wyniosła się na drugą stronę Kaukazu. Do Pankisi przyjeżdżał w gości do dalszych krewnych, którzy tu pozostali. I w interesach, bo już późnym latem wypłacał miejscowym zaliczkę za kasztany, jakie mieli dla niego zbierać jesienią.

Choć jego rodzina pochodziła z doliny, on sam urodził się w Czeczenii. I uważał się za Czeczena. Był pierwszym Czeczenem, jakiego Lara zobaczyła na własne oczy. W dodatku mieszkał w Groznym, mieście teatrów, do których można było chodzić bez końca.

Spodobali się sobie, od razu przypadli sobie do serca. Ale czy była to miłość?

– Ciekawość, to na pewno. Zauroczenie! Był jak z innego świata, którego nie znałam, ale którego byłam ciekawa. No i był Czeczenem! – Lara nie lubiła o tym opowiadać. – A miłość? Tak rzadko się zdarza. Więcej jej u nas w miłosnych wierszach i romansach niż na co dzień. A pewnie! Myśli się o niej, marzy, jak wszędzie. Ale nie wypatruje oczu i jeśli nie przychodzi, bierze się życie, jakie jest.

Rodzice Lary nie odmówili mu, gdy poprosił o jej rękę. Ona też przyjęła oświadczyny, niewiele myśląc, uznając, że nie ma na co czekać. Nie chciała się sprzeciwiać woli starszych, a w dolinie to oni, kierując się życiowym doświadczeniem i mądrością, strzegli swoich synów i córki przed popełnieniem fatalnych wyborów i za nich, dla ich dobra, rozstrzygali o miłościach, małżeństwach, całej przyszłości.

W kaukaskich wioskach można było prosić o rękę dziewczyny albo porwać ją z rodzinnego domu, a potem modlić się, by jej ojciec i bracia dali się przebłagać i pogodzili z faktem dokonanym. Zwykle tak się zresztą kończyło. Jeśli w pierwszym porywie gniewu rodzina dziewczyny nie poprzysięgła od razu krwawej zemsty porywaczowi i wszystkim jego krewnym, prędzej czy później dawała się udobruchać, a w końcu udzielała młodym błogosławieństwa. Co można było zresztą zrobić poza zemstą, która mogła zakończyć się śmiercią wielu ludzi i ciągnąć przez pokolenia? Nawet gdyby udało się odebrać porywaczowi dziewczynę, to kto wziąłby ją potem za żonę, wiedząc, że wcześniej była w niewoli u innego?

Święty, ale bezwzględny, nienaruszalny obowiązek przestrzegania praw i obyczajów wywodzących się z odwiecznej tradycji porządkował świat mieszkańców doliny. Nadawał kierunek ich życiu, wyręczał przy podejmowaniu życiowych wyborów, rozwiewał wątpliwości, ale też nie pozostawiał swobody w większości codziennych spraw. Zwłaszcza zaś tych związanych z miłością.

Młodzieńcom zostawiano więcej swobody, sami mogli wybierać sobie żony, choćby i spośród obcych, z sąsiednich dolin, choćby i cudzoziemki. Poślubione, przyuczone do nowych reguł życia, były przyjmowane do mężowskich rodzin i rodów, stawały się takimi samymi mieszkankami doliny jak ich sąsiadki, a ich dzieci od dnia urodzin uznawane były za tubylców.

Dziewczęta z doliny takich przywilejów nie miały. Żaden ojciec nie oddałby córki za mąż obcemu, nie przyjąłby go do rodu. Zabroniłby jej widywać go, a w najgorszym razie sam zaaranżowałby porwanie przez któregoś z miejscowych młodzieńców, a potem dał swoje błogosławieństwo na ślub. Na nic zdałyby się protesty, lamenty i groźby oblubienicy, że woli odebrać sobie życie, niż spędzić je z kimś, kogo nie kocha. Lara znała dziewczynę, która wydana wbrew swojej woli za mąż kilka dni po ślubie uciekła z nowego domu do rodziców. Ojciec kazał się jej wynosić precz, a matka załamywała ręce i błagała, żeby wracała do męża, nie hańbiła rodziny i nie wystawiała jej na pośmiewisko. Każdy ból z czasem łagodniał, a potem odchodził w niepamięć, a razem z nim to, co było jego przyczyną. Tak było zawsze i tak musiało pozostać, jeśli świat, w którym żyli, miał przetrwać.

Zamążpójście oznaczało dla Lary nie tylko pożegnanie z rodzinnym domem, ale i z całą doliną, przeprowadzkę na drugą stronę gór, pod mężowski dach, do Czeczenii. Wiedziała, co ją czeka. Dziewczęta w dolinie zaraz po ślubie przenosiły się do mężów i przechodziły do ich rodzin, zrywając niemal wszelkie związki z rodzinnymi domami.

Ale mąż Lary nie ponaglał jej, a nawet zgodził się, żeby pozostała w Kachetii, w Gruzji, dokończyła naukę w akademii w Telawi i dopiero wtedy, z dyplomem nauczycielki, przyjechała do niego do Groznego. Zapadł jednak na zdrowiu – tak przynajmniej mówiła Lara – i wezwał ją do siebie, nie czekając, aż skończy studia.

Jej nowym domem stało się niewielkie mieszkanie, które dzięki pomocy rodziny męża wynajmowali w samym śródmieściu Groznego, niedaleko rzeki Sunża. Nowy dom Lary znajdował się na dziewiątym piętrze w jednym z ogromnych jasnych budynków, jakie otaczały niewielki okrągły plac, nazywany przez miejscowych Minutką, ponieważ z powodu swego centralnego położenia służył w mieście za stację przesiadkową dla pasażerów autobusów i taksówek, którzy zatrzymywali się tu jedynie na krótką chwilę, żeby zmienić środek lokomocji. Lara nawet nie sądziła, że można żyć tak wysoko nad ziemią. Nigdy wcześniej nie widziała też budynków aż tak wielkich i służących za domy tak wielu ludziom naraz.

Początkowo bezmiar miasta przyprawiał ją o zawrót głowy. A także rytm jego życia, prędki, gwałtowny i niecierpliwy. Nawet późną nocą przez zamknięte okna do jej podniebnego mieszkania dobiegał z dołu gwar ulicy, urwane głosy, nawoływania kierowców i sprzedawców z pobliskiego bazaru, klaksony samochodów.

Nie potrzebowała jednak wiele czasu, żeby przywyknąć do nowego. Po przeprowadzce z doliny, wychodząc z domu, czuła się zagubiona i obca. Wraz z mijającymi dniami coraz rzadziej pojawiało się to poczucie wykluczenia i zagrożenia, które jeszcze niedawno towarzyszyło każdemu jej spacerowi. Nie odczuwała już strachu na myśl o spotkaniach z wielkomiejskim światem.

Grozny, kaukaska metropolia, zaczął ją za to coraz bardziej zdumiewać i zachwycać. Rozpieszczał bogactwem, rozmachem, wygodami życia, nieograniczonymi, zdawało się, możliwościami, a także wolnością, jakiej Lara nigdy wcześniej nie zaznała. Życie w mieście oznaczało też bowiem zerwanie z dawnymi przyzwyczajeniami, zobowiązaniami i normami zachowań, uznawanymi niegdyś za niezmienne i święte. Lara nie zamierzała się niczego wyzbywać ani wypierać, zapominać. Ale stopniowo dawne życie z doliny stawało się pożółkłą ze starości fotografią, ważnym wspomnieniem. Teraz to wielkie miasto było jej domem, coraz bardziej się do niego przekonywała i zaczynała uważać za swoje dobre miejsce na ziemi.

Zauważyła, że coraz bardziej się z nim wiąże, coraz głębiej w nie wrasta. Odkrywała, że włączając się w jego życie, odczuwa podobną radość jak dawniej w tonącej w słońcu dolinie. Wtedy w zachwyt wprawiały ją migotliwe, wesołe wody rzeki Alazani. Teraz wspaniałości Groznego uznawała za swoje.

Czuła, jak wzbierają w niej siła i duma na widok szerokich ruchliwych ulic, pełnych samochodów i ludzi. Zachwycała się bogatymi wielopiętrowymi kamienicami w śródmieściu, fabrykami na przedmieściach, dającymi ludziom zajęcie i zarobek, sklepami, gdzie wybierało się z półek towary, także te, o których istnieniu wcześniej nawet nie wiedziała. Podziwiała parki, szkoły, kina, a zwłaszcza teatry, które wciąż poruszały jej wyobraźnię. Wskrzeszały dawne marzenia, ale nie wywoływały tęsknoty ani tępego bólu, jaki się odczuwa po stracie.

W porównaniu z zastygłą w letnim upale doliną wirujący świat metropolii wydawał się miejscem, gdzie każdy plan czy sen, nawet najbardziej szalony lub zapomniany, może się wciąż ziścić. Wszystko może się zdarzyć, każda zachcianka może spełnić, a miniony czas da się zawrócić.

Rozstanie z doliną i zżycie się z miastem przyszło jej tym łatwiej, że i tam, i tu ludzie mówili po czeczeńsku. Wiedziała, że Kistowie z doliny uważali się za potomków Czeczenów, ale zdumiało ją, gdy po przyjeździe do miasta usłyszała w radiu własną mowę. Nie rozumiała wszystkich słów, a ze zdenerwowania traciła chwilami rozeznanie, o czym mowa. Zaskoczona i oniemiała wpatrywała się w głośnik, z którego płynęły słowa i zdania, jakimi Kistowie na co dzień posługiwali się u siebie w dolinie. Nie posiadała się z zachwytu, odkrywając, że mowa Kistów okazała się w istocie językiem czeczeńskim, że Czeczeni są ich braćmi, rozdzielonymi jedynie górskimi łańcuchami i przełęczami. Czeczeńska stolica, Grozny, była więc także jej miastem, a jej bogactwo i wielkość, cały ten wspaniały świat, należały także do niej, ponieważ zostały stworzone przez Czeczenów.

Póki przynależała do doliny, Lara nie oczekiwała od losu niczego lepszego niż to, co spotykało ludzi w sąsiedztwie. Ale od przenosin do miasta stała się zachłanniejsza, bardziej zaborcza, chciała nie tylko więcej, ale więcej dla samej siebie.

Gdyby ktoś w tamte dni zapytał ją, czy nie przeżywa aby najlepszych chwil swojego życia, pewnie by się obruszyła. Prychnęłaby gniewnie, że ledwie zaczęła z życia korzystać, a to wszystko, co ją w mieście spotkało, to jeszcze nic – chwile prawdziwie wspaniałe i wielkie dopiero nadejdą. Po latach przyznałaby jednak, że to właśnie tamte dni, z Groznego, z początków dorosłego życia, były najszczęśliwsze i gdyby to wiedziała, może potrafiłaby się nimi lepiej nacieszyć, a nie wypatrywała niecierpliwie i łapczywie tego, co dopiero miało nadejść.

Wszystko zdawało się układać, zmierzać w dobrym kierunku. Mąż troszczył się o nią i o dom, a Lara urodziła mu dwóch zdrowych i silnych synów, pierworodnego Szamila, a trzy lata później Raszida. Spełniła marzenie męża, największe marzenie każdego mężczyzny na Kaukazie, dla którego spłodzenie syna jest potwierdzeniem jego własnej wartości. W przypływie wdzięczności i tkliwości mąż obiecał, że jak tylko odchowa się dzieci, Lara, jeśli naprawdę tak bardzo tego pragnie, będzie mogła wrócić do szkoły.

Kiedy młodszy, Raszid, skończył trzy lata i można go było posłać do przedszkola, Lara zaraz zapisała się do sławnej na całym Kaukazie szkoły teatralnej w Groznym. Dopiero teraz życie miało nabrać znaczenia i smaku.

Najpierw wydawało się jej, że to tylko sen. Czuła w sobie taką wiosenną, ufną lekkość. Wychodząc z domu, miała wrażenie, że nie idzie ulicami miasta, lecz unosi się nad nim w powietrzu. Zrywała się co rano, żeby wyprawić synów do szkoły i przedszkola, a męża do pracy w fabryce, a potem gnała co sił do akademii uczyć się sztuki występowania na scenie, zaklęcia pozwalającego wcielać się w innych, myśleć jak oni, czuć, przeżywać ich rozterki, kłopoty, wybory.

W innej sytuacji ta umiejętność mogłaby jej posłużyć za ucieczkę od własnego nieudanego życia, stworzyć ułudę, że w każdej chwili może być kimś innym. Ale Lara miała wszystko, czego chciała, i ani myślała być kimś innym.

– Czułam się jak w kolorowym filmie. Wszystko było w nim tak doskonałe, że nie mogło być lepsze – wspominała. – Miasto, domy, parki, fabryki, ulice i sunące nimi limuzyny. Mówiono, że nigdzie na Kaukazie ulicami nie jeździło tak wiele drogich samochodów jak u nas. Życie było piękne i my sobie wydawaliśmy się piękni.

Nawet nie zauważyła, kiedy sprawy zaczęły przybierać zły obrót. Nie potrafiła rozpoznać chwili, która zmąciła pogodę jej myśli, odebrała im beztroską lekkość, przynosząc pierwsze wątpliwości, niepokój, ciężki i zimny jak kamień. I przeczucie, że zdarzy się coś złego.

Pochłonięta własnym światem, rozpiętym między domem a sceną, nie zaprzątała sobie głowy niczym innym. Pewnego dnia po kolacji, gdy synowie już spali, prasowała nowe zasłony do okien i od niechcenia przysłuchiwała się telewizyjnym wiadomościom. Mąż na kanapie, ze szklanką herbaty, oglądał telewizję.

– Niedrogie, a mówili, że włoskie. Były jeszcze błękitne, ale do salonu beżowe lepiej pasują. Może te drugie kupić do pokoju chłopców? Te, co wiszą, są już takie stare. I większe łóżka by się chłopakom przydały, z tych, co mają, zaraz powyrastają.

Obaj synowie, a zwłaszcza Raszid, byli wysocy, przerastali rówieśników. Lara lubiła, gdy znajomi na ich widok kręcili z uznaniem głowami. „Prawdziwi mocarze z nich będą – cmokali z podziwem. – Tacy to sobie w życiu poradzą".

– I w ogóle o nowych meblach też można by pomyśleć.

Mąż nie odpowiadał, wpatrzony w ekran telewizora. Fabrykę, w której pracował, zamknięto, bo z Moskwy przestały przychodzić zamówienia, a zaraz potem i pieniądze na wypłaty. Stracił pracę, ale przekonywał, że nie ma się co przejmować. Fabrykę prędzej czy później otworzą, bo przecież długo nie może stać bezczynnie. A póki co, rozkręci z przyjacielem stragan na bazarze i zarobi więcej niż na państwowej posadzie. I że w ogóle mieli na oku interes, który jeśli wypali, przyniesie mu takie pieniądze, jakich w fabryce i przez rok by nie zarobił.

Wielu ludzi w mieście żyło z interesów. Odchodzili z pracy na państwowym, otwierali sklepy, warsztaty, niewielkie manufaktury. Głównie jednak handlowali. Wciąż dokądś jeździli, kupowali taniej, sprzedawali drożej. I choć coraz więcej zakładów pracy stawało, miasto wcale nie biedniało. Przeciwnie, wydawało się, że żyje jeszcze żwawiej, z jeszcze większym fasonem i rozmachem.

Lara nieraz słyszała, jak starsi ludzie w mieście martwili się, że to bogactwo Czeczenów, zalegające pod ziemią złoża ropy naftowej, ta cała ich gorączka i wygórowane mniemanie o sobie stoją Rosjanom kością w gardle i że w Moskwie zrobią wszystko, żeby im to odebrać. „Co innego – powiadali – gdybyśmy jak Gruzini, Ormianie czy Azerowie byli niepodległym krajem. Wtedy Rosja nie mogłaby nam nic zrobić".

Lara brała to jednak za zwyczajne strzępienie języka po próżnicy, plotki, których zwłaszcza na Kaukazie nigdy nie brakowało. Ale tego wieczora, namawiając męża na kupno mebli, usłyszała w telewizji coś, co po raz pierwszy posiało w niej niepokój.

„... wykorzystując przejściowe trudności... polityczni awanturnicy i pospolici przestępcy... nie można dłużej pozwolić... ukarać i przywrócić porządek... położyć kres... za wszelką cenę..."

– O nas mówią? – Lara ze zdziwieniem rozpoznała na filmie ulice grozneńskiego śródmieścia.

– A jakże! – rzucił złym głosem mąż. – O kim by innym?!

– To coś poważnego?

– Takie tam gadanie. Straszą i tyle. Nie ma się czym przejmować.

Lara nic na to nie powiedziała. Ale zasłon do pokoju chłopców już nie kupiła. Ani nowych łóżek. Ani nowych mebli. Nowych mebli nigdy już miała nie kupić.

Poczuła, że coś jej na to nie pozwala, w głowie pulsowała myśl, że nie pora na to, nie wolno, trzeba poczekać. Uczucie, którego wcześniej nie doznała, jak zmora, pojawiało się na mgnienie oka, czasem na dłuższą chwilę i odchodziło. Zawsze pozostawiało jednak po sobie ślad, uścisk w gardle, szorstki i dławiący. Nie można już było powstrzymać łez, a obezwładniający żal odbierał wolę działania, wszelką ochotę i sprawiał, że każdy wysiłek, każdy zamysł, wydawał się pozbawiony celu, niedorzeczny.

Wtedy jeszcze nie poczuła się zagrożona, straciła tylko niezłomne przekonanie, że życie jest dobre i jeśli się tylko postara, nie spotka jej nic złego. Świadomość, jak niewiele od niej zależy, spadła na nią dopiero pewnego pogodnego wrześniowego popołudnia, gdy po pracy w teatrze wracała z synami do domu.

Wychodząc z teatru, szła po Szamila do szkoły, a potem razem odbierali Raszida z przedszkola. Do domu wracali pieszo, przez miasto. W takie jasne popołudnia, nabrzmiałe wciąż letnim słońcem i ciepłem, jazda zatłoczonym autobusem, wśród spalin, wydawała się grzechem.

Puściła chłopców przodem. Szli, pochłonięci rozmową, wymachując rękami i trzymanymi w dłoniach lodami, które kupiła im u ulicznego sprzedawcy. Raszid, choć o trzy lata młodszy od Szamila, prawie dorównywał mu wzrostem. Mimo różnicy wieku zawsze byli sobie bardzo bliscy, związani jak bliźniacy, nierozłączni. Raszid wpatrzony był w starszego brata jak w obraz, a Szamil troszczył się o niego i strzegł, by nie stała mu się żadna krzywda.

Kiedy doszli do głównego placu, zawołała, żeby się zatrzymali. Nie zwracając uwagi na ich protesty, chwyciła obu za ręce. Na placu przed pałacem prezydenckim, jednym z najwyższych i najwspanialszych gmachów w mieście, stało mrowie ludzi. Lara przypomniała sobie, że jeden z jej kolegów z teatru wspominał, iż po południu wybiera się na wiec, na którym przemawiać ma sam prezydent.

Znała go z telewizyjnych wiadomości, którym teraz przysłuchiwała się uważniej. Prezydent nosił wojskowy mundur i wielką oficerską czapkę, którą czasami zastępował furażerką. Nic dziwnego, był żołnierzem, pilotem bombowców i w rosyjskim wojsku dosłużył się generalskiego stopnia.

Rosjanie najpierw mieli go za swojego człowieka, który zapewni im święty spokój na Kaukazie. Ale kiedy zaczął podburzać Czeczenów, by wzorem Gruzinów domagali się i dla siebie oddzielnego, niepodległego państwa, a jego, generała, wybrali sobie na prezydenta, w Moskwie uznano go za zdrajcę. W rosyjskiej telewizji nazywano go „niebezpiecznym awanturnikiem", „dyktatorem z bananowej republiki", „ojcem chrzestnym", przepowiadano, że ściągnie na ludzi nieszczęście i że to niewinni ludzie zapłacą za jego rozpasane ambicje. Ale rodacy podziwiali go. Ba! Wielbili, czcili jak świętego. Żaden Czeczen nie zaszedł tak wysoko i ludzie byli z niego dumni. Ujął ich tym, że mogąc żyć w dostatku i wygodach, w Moskwie czy Sankt Petersburgu, wyrzekł się wszystkiego i wrócił na Kaukaz, by im przewodzić. Ilekroć zapowiadano, że będzie występował na wiecach, przychodziło na nie całe miasto.

Przemawiał już, kiedy na plac przed pałacem weszła Lara z synami. Ludzi przyszło tego dnia tak wielu, że policjanci wstrzymali ruch na sąsiednich ulicach. Lara nie widziała trybuny, z której przemawiał prezydent, ale jego głos roznosił się po całej okolicy z głośników porozwieszanych na drzewach i latarniach.

„Nie jesteśmy Rosji wrogami, ale nie będziemy też już więcej jej niewolnikami. Jesteśmy wolnymi ludźmi i mamy prawo sami rozstrzygać o swoim losie, czego chcemy, a czego nie".

Po każdej frazie, każdym zawołaniu prezydenta wybuchała wrzawa, ludzie na placu wiwatowali, wykrzykiwali jego imię, a niektórzy wołali nawet: „*Allahu akbar!* Bóg jest wielki!".

„Sami musimy zdecydować, co wolimy. Żyć jak słudzy, na kolanach, zginając wiecznie kark? Czy wolimy raczej zginąć, ale żyć jak ludzie wolni, dumnie wyprostowani, z wzniesioną do ciosu zaciśniętą pięścią".

„Niech żyje! Hurra! *Allahu akbar!*" W odpowiedzi z tłumu na placu wzbił się w niebo żarliwy okrzyk.

„Co więc poczniemy, gdy przyjdą tu z karabinami i czołgami? Pospuszczamy głowy i się poddamy? Czy też wolicie bronić naszej wolności, nawet za cenę wojny? Nawet za cenę śmierci?! Niewola czy wolność – wybierajcie!"

„Wolność! Wojna! Chcemy walczyć, chcemy się bić" – zakrzyknął tłum na placu.

Wieczorem po kolacji Lara znów zapytała męża, co z tego wszystkiego będzie i czy wciąż nie ma się czego bać? A może lepiej, bezpieczniej, byłoby wyjechać z miasta, choćby do Pankisi, do jej rodziców.

– Do Gruzji? – zdumiał się mąż.

Wszystko to, co niepokoiło ją w telewizyjnych wiadomościach, co według niej podkradało się pod miasto i przed czym chciała uciec, w Gruzji działo się już od dłuższego czasu. Wojny, jedna po drugiej i jedna od drugiej gorsza, brodaci mężczyźni z karabinami na ulicach, strzelaniny, pożary, uchodźcy, bezdomni, poranione pociskami drzewa i kamienice przy alei Rustawelego, głównej arterii Tbilisi. I jeszcze odbierająca siły niepewność, bezradność, brak prądu i wieczny mrok, i ziąb. I puste sklepy, i tkwiący przed nimi ludzie czekający nie wiadomo na co, nie wiedzący, jak zaradzić nieszczęściu, jak się przed nim obronić, gdzie i u kogo szukać pomocy, dokąd pójść na skargę.

Widziała jak żywe obrazy z gruzińskiej stolicy, choć pojechała tam tylko raz, żeby znaleźć lekarza dla niedomagającego ojca. Ludzie w dolinie odradzali jej tę podróż, przestrzegali, że wojna i że w takie niespokojne, niepewne czasy lepiej nie ruszać się z domu. Machnęła tylko ręką, uważając, że przesadzają z ostrożnością i z opowieściami o wojnie. Ale kiedy zobaczyła ją na własne oczy, przeraziła się i nigdy jej już nie zapomniała. Dziękowała Bogu, że wyjechała do Groznego, na drugą stronę gór.

– Naprawdę uważasz, że to dobry pomysł jechać do Gruzji? – Zdawało się jej, że w głosie męża słyszała szyderstwo, dodatkowo podszyte jadowitą napastliwością.

Nic nie powiedziała, ale tak, tak właśnie uważała. Pojechałaby do Gruzji choćby i dziś. I nie do Gruzji chciała jechać, ale do domu.

Niepokój, który zaczął ją drążyć, wypierał wszystkie inne uczucia i myśli. Nie pozwalał na niczym innym skupić uwagi.

Nie pomagały ani domowe obowiązki, ani próby przedstawień w teatrze. Straciły nagle wszelkie znaczenie, zblakły.

Dławiący lęk o dzieci był pierwszym tak dojmującym uczuciem, jakiego doznała. I może dlatego tak ją zaniepokoił. To on, lęk, dzień i noc, bez przerwy, kazał jej uciekać z miasta, co prędzej i jak najdalej. Wiedziała, że prędzej czy później zrobi to, nie zważając na nikogo i na nic. Także na męża, który nie dostrzegał niebezpieczeństwa, żadnych chmur zbierających się nad miastem. Niecierpliwił się, gdy o to pytała. Lara zaś złościła się na siebie, że czeka na zgodę męża, traci czas, igra z losem.

– Gruzja… – prychnął z pogardą. – Dżygici malowani…

Kpił, że to teatr pomieszał jej w głowie, naczytała się, napatrzyła Bóg wie czego, a życie to nie przedstawienie.

– I co? Pojedziesz i stracisz rolę? – pytał. Pod koniec roku mieli wystawić w teatrze nowy dramat, a Larę obsadzono w spektaklu jako jedną z głównych bohaterek. Nigdy wcześniej nie grała tak ważnej roli i nie mogła się doczekać premiery. – Nie będzie ci żal?

Samą ją to zdziwiło, ale nie poczuła żalu na myśl, że nie zagra w przedstawieniu. Chciała tylko jak najszybciej wyrwać się z miasta, w którym czuła się coraz bardziej osaczona.

– Proszę, wyjedźmy stąd – jęknęła.

Do doliny, do domu, w którym żyli matka i ojciec. Sama myśl o tym miejscu dawała jej poczucie dawnego bezpieczeństwa i pewności jutra. Od jej wyjazdu nic się tam nie zmieniło. Przez Gruzję przetaczały się nawałnice, ale w dolinie, leżącej z dala, na uboczu wszystkiego, było cicho i spokojnie. Wszystko zostało po staremu.

Wojna szalała po Gruzji, ale w dolinie było bezpiecznie. Wiedziała to, co roku jeździła na drugą stronę gór odwiedzić rodziców, zobaczyć dom. Zabierała ze sobą dzieci, nie zostawiała ich mężowi na głowie, nie musiał się nimi zajmować pod jej nieobecność. Ale i tak mógł się nie zgodzić na te podróże. Była mu wdzięczna, że nigdy się nie sprzeciwiał.

Na Kaukazie nie przyjęto, by dziewczyna, która wyszła za mąż, utrzymywała więzi z dawną rodziną. Gdyby żyli w dolinie, wśród Kistów, albo w którymś z czeczeńskich aułów, też musieliby się do tego prawa stosować. Ale w wielkim mieście, założonym przez Rosjan i w którym Rosjanie stanowili połowę ludności, zwyczaje były swobodniejsze.

– Wyjedźmy stąd – błagała męża jesienią, gdy spadły już lodowate deszcze, które nasyciły powietrze przenikliwym zimnem i przemieniły ziemię w maziste oślizgłe błoto.

Wciąż nie chciał słyszeć o porzuceniu miasta, przeprowadzce do doliny. Z jakimś straceńczym, niepojętym dla Lary uporem nie chciał się ruszyć, jakby wyjazd oznaczał dla niego życiową klęskę, a nie ocalenie.

– Chcesz to wszystko zostawić? – pytał.

– A co takiego tu mamy? Co nas trzyma? – Dziwiła się, że nie rozumie, nie widzi. – Przecież możemy zacząć wszystko od początku i mieć wszystko, co mamy.

– Ale po co? I czego ty się boisz? Wojny?

Przytaknęła.

– Wojny? Tutaj?

– W Gruzji… wybuchła…

– Gruzja! – przerwał ze złością. – Tu nie Gruzja.

Z końcem jesieni już niemal namacalnie dawało się wyczuć napięcie, jakie zalęgło się w mieście. Na ulicach widziało się coraz więcej ludzi z karabinami. Nosili je mundurowi, ale też ci w zwyczajnych, cywilnych ubraniach. W rozmowach przy kuchennych stołach, w pracy, w sklepach, a także w nadawanych z Moskwy telewizyjnych wiadomościach coraz częściej mówiło się o wojnie.

Zaczęli znikać ludzie. Na podwórzach i podjazdach coraz częściej widywało się, jak upychają walizki, tobołki i worki do samochodów, a to, co się nie mieści w środku, układają starannie na dachach, tworząc całe piramidy. Nie opowiadali się, dokąd wyjeżdżają ani kiedy wrócą, z nikim się nie żegnali. Sprawdzali, czy zabrali wszystko i jak mocno trzymają sznury na spiętrzonych bagażach. Odjeżdżali bez słowa, nie oglądając się za siebie.

W teatrze odwołano przedstawienia. Dyrekcja ogłosiła, że na bliżej nieokreślony czas zawieszone będą też próby, aktorzy nie muszą przychodzić do pracy, ale za te niespodziewane wolne dni nie będzie się im płacić.

Lara zauważyła też, że ludzie robią w sklepach większe sprawunki. Najpierw pomyślała, że tylko jej się zdaje, ale z czasem sama też zaczęła kupować więcej niż zwykle i więcej, niż potrzebowali. Kupowała jak inni cukier, marmoladę, sól, konserwy, olej, proszek do prania, ledwie wszystko pomieściła w kuchennych szafkach i na półkach w piwnicy. Złościło to męża, narzekał, że trwoni pieniądze, których nie było przecież za wiele, zwłaszcza teraz, kiedy zamknięto teatr i nie wiadomo, kiedy i czy w ogóle Lara wróci do pracy.

Odnosiła wrażenie, że w rozdrażnienie wprawia go wszystko, co podważa jego ocenę sytuacji i przewidywany rozwój wypadków. Przekonanie o własnej racji dawało mu poczucie bezpieczeństwa i chyba także własnej wartości. Lara czuła, że mąż traci rozeznanie, a jednak upierał się, by niczego nie przedsiębrać, niczego nie zmieniać. Nie widział zagrożenia, nie chciał go dostrzegać, za to namowy, błagania Lary, żeby wyjechać z miasta, coraz częstsze i natarczywsze, odczuwał jak zdradę. Zaczynał widzieć w niej wroga, nie sprzymierzeńca. Oddalali się od siebie, rozchodzili, choć wciąż uważała, że sobie z tym poradzą, że to tylko chwilowy kryzys, jaki przytrafia się wszystkim. Ale lęk o małżeństwo musiał ustąpić przed powinnością, jaką odczuwała wobec dzieci. Musiała, za wszelką cenę musiała wywieźć je z miasta, ustrzec przed nieszczęściem. Umacniała się w tym postanowieniu za każdym razem, gdy widziała, jak bawią się na podwórku w wojnę. Chłopcy zawsze bawili się w wojsko i urządzali strzelaniny w piaskownicy, ale w tamten czas zdawało się jej, że nie bawią się już w nic innego.

Któregoś dnia koło południa na podwórze ich domu zajechali dwoma samochodami żołnierze. Dowodził nimi mężczyzna w średnim wieku. Lara nie znała jego nazwiska, ale spotykała go w sąsiedztwie, w sklepach, na ulicy. Patrząc, jak komenderuje żołnierzami, uświadomiła sobie, że ostatnio widywała go jakby częściej.

Paląc papierosy, stał przy samochodzie i czekał, aż jego podkomendni zbiorą ludzi z budynków wokół podwórza. Żołnierze byli młodzi, nieogoleni. Nosili wojskowe mundury z rosyjskich koszar zajętych jakiś czas temu przez ludzi prezydenta. Mówiono o tym w telewizyjnych wiadomościach. Lara nie rozumiała, dlaczego Rosjanie, którzy nie szczędzili zniewag i słów potępienia dla czeczeńskiego prezydenta i odgrażali się, że pozbawią go władzy, bez jednego strzału wyjechali z miasta, zostawiając koszary pełne broni, amunicji, mundurów i wszelkiego bojowego sprzętu. Zaraz potem w mieście spotykało się na ulicach wojskowe samochody, w których za kierownicami siedzieli brodaci żołnierze, jak ci, którzy zajechali pod dom Lary.

Ludzi na podwórze zeszło się sporo. Mało kto w tamtych czasach pracował. Siedzieli po domach, czekali, co się zdarzy. Dowódca zdeptał butem papierosa, odchrząknął i powiedział, że przyjechał z rozkazu prezydenta i że jest komendantem tutejszego pospolitego ruszenia, powołanego na wypadek wojny.

– Do niczego pewnie nie dojdzie, ale, wiadomo, strzeżonego Pan Bóg strzeże – powiedział. – Lepiej zawczasu wiedzieć, co w razie czego robić, niż potem pytać, kiedy będzie już za późno.

Wyjaśnił, że prezydent zarządził, żeby wszyscy komendanci pospolitego ruszenia spotkali się z ludźmi, przedstawili, pokazali, jak wyglądają, aby w razie potrzeby ludność wiedziała, gdzie ich szukać i dokąd biegać z problemami, pytaniami i w ogóle ze wszystkim. Na przykład gdyby w ich sąsiedztwie pojawił się ktoś obcy, podejrzany. Zaraz trzeba do niego biec i mu o tym zameldować!

Powiedział, że najważniejsze, to żeby ludzie zaczęli szykować piwnice na schrony. Na wszelki wypadek, bo wątpliwe, by Rosjanie zdecydowali się napaść na miasto. Raczej nie zaatakują, ustąpią, a prezydent jakoś się z nimi porozumie. Gdyby jednak do tego doszło, na czas walk, a zwłaszcza lotniczych bombardowań, ludzie muszą mieć się gdzie schować. Dlatego powinni pościągać do piwnic materace, jakieś szafki, meble, koce. Ponieważ idzie zima, dobrze by było wyposażyć piwnice w piece i opał. Tylko ustawiać wszystko tak, żeby nie blokowało przejścia, drzwi i okien.

Kazał zebrać zapasy wody, żywności, lampy naftowe, świece, zapałki, papierosy.

– Na wszelki wypadek – podkreślił znowu. – Jak się nic nie zdarzy, wszystko przyda się w domach. Dobrze mówię?

Tak bardzo chciała mu uwierzyć! Żeby stało się tak, jak mówił.

– I żadnej wódki! – pogroził. – Gdyby doszło co do czego, a komuś przyszło do głowy pić, gorzko pożałuje!

Na koniec zapytał ludzi, czy wszystko zrozumieli i czy chcą go o coś jeszcze zapytać.

– No to będzie ta wojna czy nie? – rzucił ktoś z tyłu.

– A żebym to ja wiedział! – odparł. – Co ma być, to będzie, ale niech się już lepiej zacznie. Ludzie od zmysłów odchodzą od tego czekania nie wiadomo na co.

Nazajutrz rano w mieście wybuchła strzelanina. Wieczorem ucichła, a w telewizji podali, że to przeciwnicy prezydenta próbowali zdobyć jego pałac i przejąć władzę. Lara przez cały dzień nie wychodziła z domu i słysząc odległą strzelaninę, zabroniła chłopcom wyjść do kolegów na podwórze. Przesiedzieli cały dzień, naburmuszeni, z nosami przytkniętymi do okna.

Następnego dnia nie czekała już na nic, nie prosiła też męża o zgodę. Powiedziała, że wyjeżdża z chłopcami z miasta, na wieś, niedaleko, tylko do Inguszetii, wcale nie do doliny Pankisi, nie do Gruzji. I tylko na parę dni, aż się wszystko uspokoi i wyjaśni. Przeczekają najgorsze i wrócą. Nic nie odparł, ale sam nie zamierzał z nimi wyjeżdżać. „Rób, jak chcesz" – mruknął, a Lara po raz pierwszy od bardzo dawna poczuła ulgę i jasny spokój. Już wiedziała, że co by się miało zdarzyć, przetrwa i że ocaliła dzieci przed złem.

Z samego rana, spakowana w dwie walizki i plecak, stanęła w korytarzu. Kazała chłopcom pożegnać się z ojcem. Powiedział, że wszystkiego dopilnuje, a jak wrócą, wybiorą się całą rodziną do kina i do kawiarni, na ciastka i lody. Stał w drzwiach z poważną miną, nieco naburmuszony, oparty o framugę, gdy schodzili po schodach na podwórze. Lara widziała go wtedy ostatni raz.

Dolina jest pusta, niemal bezludna – tak przynajmniej twierdził brat Lary, który pożyczonym samochodem przyjechał po nich do inguskiej wioski Karabułak, gdzie z tysiącami innych uchodźców z Groznego zatrzymała się po wyjeździe z miasta. Po drodze dzielił się nowinami i opowiadał, że uciekając przed wojną i bezprawiem w Gruzji, większość Kistów, zwłaszcza młodych, rozjechała się za chlebem po świecie. „To i lepiej" – pomyślała Lara, przyglądając się opustoszałym wsiom.

Zerknęła na Szamila i Raszida, którzy na tylnym siedzeniu, zmęczeni drogą spoglądali przez okna samochodu. Starszemu szedł dziewiąty rok, młodszemu szósty. Urodzili się w Groznym i w urzędzie zapisano ich jako Czeczenów. Mówili po czeczeńsku, znali rosyjski, ale po gruzińsku ani słowa. A mieli stać się Gruzinami, uczyć się po gruzińsku, żyć po gruzińsku.

– Ciężko im będzie chować się bez ojca, na nowym – mruknął zza kierownicy brat.

– Przywykną – odpowiedziała bez wahania. Pomyślała, że dzięki temu, że ludzi we wsiach jest mniej, synom będzie łatwiej oswoić się z nowym miejscem. Poczuliby się zagubieni, gdyby od pierwszego dnia musieli sobie radzić w tłumie obcych. – Wszystko przyjdzie w swoim czasie, wszystko będzie dobrze.

– Ano co ma nie być? – przytaknął brat.

Jechali od samego rana. Minęli Karabułak, Biesłan, Władykaukaz, a potem pojechali przez góry szlakiem nazywanym tu Drogą Wojenną, przecinającym z północy na południe łańcuch Kaukazu. Wyruszyli, jak tylko zaczęło świtać, żeby przed zmrokiem dotrzeć przynajmniej do Tbilisi.

– Wszystkiego dwieście kilometrów, a człowiek jedzie, jedzie i końca nie widać – narzekał brat.

Uparł się po nich przyjechać, chociaż Lara przekonywała, że szkoda fatygi, dotrze do Tbilisi taksówką. Taksówkarze zabierali po pięciu pasażerów, ale Lara gotowa była zapłacić za pięć osób i jechać z chłopcami we trójkę. Ojciec i bracia nie chcieli jednak o tym słyszeć. Uparli się, że samej z dziećmi w taki niespokojny, wojenny czas podróżować jest niebezpiecznie.

„Ledwie dwieście kilometrów, a jakby inny świat" – pomyślała Lara. Najpierw długo i powoli pięli się serpentynami w góry. Dopiero gdy minęli Przełęcz Krzyżową i widoczny w oddali Kazbek, najwyższy z okolicznych wierzchołków, i zaczęli zjeżdżać w dół, Lara poczuła, że już żadna siła jej z tej drogi nie zawróci.

Ani przez chwilę nie wątpiła, że postąpiła jak trzeba, poświęcając dotychczasowe życie, niczego nie żałowała. A jednak cieszyła się, że nie musi tłumaczyć synom dokonanego za nich wyboru, wyjaśniać, dlaczego nie pojechał z nimi ojciec, kiedy wrócą do domu. Nie płakali, nie wydawali się nawet szczególnie zmartwieni, o nic nie pytali. Robili, co kazała. Jak zwykle, jak ich tego nauczyła.

Zawsze byli grzeczni, posłuszni. Nie trzeba było im niczego dwa razy powtarzać ani się z nimi o cokolwiek wykłócać. Byli z nią bliżej niż z ojcem. Jego się bali, z nią rozmawiali, żartowali, u niej szukali porady i pocieszenia. Jako dzieci należeli do niej. Dopiero jako nastoletni chłopcy mieli przejść spod matczynej kurateli pod rękę ojca, żeby nauczył ich, jak być mężczyzną. „Jakoś to będzie" – pocieszała się w myślach.

Droga szerokim łukiem ominęła Osetię Południową, ogarniętą od kilku lat wojną między Gruzinami i Osetyjczykami. Zmierzchało już, kiedy dojechali do Mcchety, a zanim dotarli do Tbilisi, zrobiło się całkiem ciemno. Brat zdecydował, że zostaną na noc u jego znajomego, który mieszkał w okolicach dworca kolejowego i stadionu piłkarskiego Dynamo, przy ulicy Czitaja, prawie w śródmieściu.

Siąpił zimny deszcz, a miasto niknęło w mroku. Zdawało się, że jedynymi światłami na ulicach są oślepiające samochodowe reflektory. Choć gruzińska wojna właśnie się skończyła, w Tbilisi wciąż brakowało prądu, ogrzewania, towarów w sklepach. Na ulicy Dawida Budowniczego zatrzymał ich patrol. Mężczyźni nie wyglądali na policjantów, ale nosili karabiny. Mimo że było ciemno, orzekli, że samochód ma starte opony i trzeba zapłacić mandat. Brat próbował się wykłócać, ale Lara wyciągnęła pieniądze z portmonetki i wręczyła dowódcy patrolu. Wziął banknoty, mandatu jednak nie wypisał. Kazał jechać, a jego podkomendni zatrzymali następny samochód.

Znajomy Czeczen, u którego zatrzymali się na noc, miał w domu tylko herbatę i parę kostek cukru, które rozdał chłopcom jako łakocie. W mieszkaniu panował przenikliwy ziąb, a prąd mieli włączyć dopiero w środku nocy, na parę godzin. Władze ogłaszały harmonogram reglamentowanych dostaw prądu i w zależności od tego, kiedy był włączany, ludzie układali swój plan dnia. Zrywali się nawet w środku nocy, żeby nagrzać wodę na kąpiel czy zrobić pranie.

– Tu się nie da żyć – narzekał ich gospodarz.

Ale Lara wiedziała swoje. Nazajutrz ruszyli w dalszą drogę przez szare, zabiedzone Tbilisi do Kachetii i dalej, do doliny Pankisi, do domu. Lepszego, pewniejszego miejsca nie znalazłaby nigdzie na świecie. Tu, na ubocze, wojna nigdy nie trafi. Ukryje się tu przed nią z dziećmi, przeczeka niedobry czas. Ustrzeże ich przed widokiem ludzkiej krzywdy, poniewierki, zabijania. I przed tym złem, które wychodzi z ludzi, gdy zmusza się ich, by walczyli o przetrwanie. Albo gdy poczują, że mają władzę nad życiem innych i mogą zrobić z nimi, co zechcą, nie ponosząc za to kary ani odpowiedzialności. Lara nie chciała, by jej synowie napatrzyli się tego za młodu. Żeby nie zaczęło się to im wydawać czymś normalnym, zwyczajnym. Ale w dolinie będą bezpieczni, zło nie znajdzie do nich dostępu.

Kiedy minęli Akhmetę i Matani, ostatnią gruzińską wioskę przed doliną, z nieba pokrytego ciężkimi chmurami zaczął padać śnieg. Najpierw prószył drobniutko, ledwie zauważalnie. Potem w okamgnieniu przykrył przegniłą brunatną trawę, nagie oślizgłe zarośla i brudnoszarą błotnistą ziemię. Zrobiło się bieluteńko.

– Przyjedziemy akurat na obiad – powiedział brat Lary.

Choć przecież jej przy tym nie było, Lara wyraźnie widziała, jak zginął jej starszy syn. Nad Aleppo zawisła gorąca letnia noc, a pogodne bezchmurne niebo było rozgwieżdżone i jasne.

Szamil wracał z nocnej bitwy, a może z nocnej narady. Potrafił mówić tyloma językami, że wiecznie wzywano go dokądś, by tłumaczył rozmowy partyzanckich komendantów, którzy ściągali z całego świata do Syrii, bo uważali tamtejszą wojnę za świętą. Chcieli wziąć w niej udział, by jako dobrzy, pobożni muzułmanie, zwłaszcza ci, którzy dopiero odnaleźli prawdziwą wiarę, dokonać swoistego oczyszczenia i zapewnić sobie zbawienie.

Lara bała się takich nocy, podczas których, korzystając z dobrej widoczności, samoloty rządowego wojska przeprowadzały naloty na obozowiska partyzantów. Wyrywały ją ze snu głuche odgłosy rozrywających się bomb.

Prosiła syna, by chociaż wtedy nigdzie się nie wybierał, nie wyjeżdżał ze swojej kwatery na przedmieściach Aleppo. Wydawało jej się, że za dnia, kiedy wszystko widać, będzie bezpieczniejszy niż nocą. Nie ruszał się po zmierzchu z domu, kiedy była przy nim. Na pożegnanie obiecał, że będzie unikał nocnych wypraw, ale wiedziała, iż nie dotrzyma słowa. Chciał, żeby już pojechała. Powiedziałby cokolwiek i wszystko jej przysiągł, byle się od niej uwolnić, zrzucić z siebie odpowiedzialność za jej bezpieczeństwo w ogarniętym wojną mieście i kraju.

A więc wracał nocą z bitwy lub narady wielkim samochodem z napędem na cztery koła. Siedział na miejscu dla pasażera, a za kierownicą siedział jego towarzysz, ochotnik z Czeczenii. A może to Szamil prowadził? Mówił, że lubi jeździć samochodem, błąkać się bez celu samotnie po bezdrożach. Takie przejażdżki pomagały mu znaleźć spokój, ułożyć myśli. Mówił, że nocą przy świetle księżyca pustynia wydaje się srebrzyć i błyszczeć jak rzeka i nie trzeba włączać reflektorów.

Noc była srebrna i pewnie ze sobą rozmawiali, żeby nie zasnąć albo żeby dać ujście emocjom, jakie nagromadziły się podczas bitwy. Może nawet nie usłyszeli samolotu, który ich wytropił w mroku, ani świstu odpalonej rakiety. Wybuchła gwałtownie i nagle, zamieniając ich samochód w kulę ognia. Nie mogli czuć strachu, nie cierpieli. Chociaż Szamil nie zginął od razu.

Towarzysze wyciągnęli go ciężko rannego z wraku samochodu, jeszcze tej samej nocy zawieźli do szpitala za turecką granicę. Nie odzyskał świadomości, a kiedy dojechali na miejsce, lekarze orzekli, że nie żyje, umarł po drodze od ran.

Zabrali jego trupa z powrotem do Aleppo i pochowali przed świtem, zgodnie z muzułmańskim obrządkiem, w specjalnej mogile, w której grzebani są jedynie szahidzi, męczennicy, którzy śmiercią w świętej wojnie zasłużyli sobie na zbawienie i otworzyli drzwi do Raju. Ogłosili go bohaterem i wpisali na listę szczególnie zasłużonych. Lara zobaczyła zdjęcie Szamila umieszczone na internetowej witrynie w hołdzie dla poległych.

Nie myślała, że wiara w Boga okaże się w ich życiu tak ważna, że będzie im aż tak potrzebna. Ani że w ogóle można aż tak wierzyć. Może gdyby wiedziała? Ale skąd miała wiedzieć?

Nikt w dolinie tak nie wierzył. Kistowie wiedzieli, że są muzułmanami, ale jeśli któryś z nich modlił się w chrześcijańskiej cerkwi, a nie w meczecie, nie uważali tego za koniec świata. Wiedzieli przecież aż za dobrze, że życie zmusza czasami do robienia rzeczy wbrew sobie, że trzeba się dostosować, żeby przeżyć. „Jeśli zmuszają cię, byś szedł się modlić do cerkwi, idź, to tylko budowla. Jeśli każą ci nosić krzyż – zawieś go na piersi, to jedynie kawał żelaza. W głębi serca i duszy wciąż będziesz pobożnym muzułmaninem". Tak nauczał przed stu laty Kunta-Hadżi, którego Kistowie i Czeczeni uważali za swojego szejka, nauczyciela i przewodnika na ziemi.

Szejk przestrzegał też przed wojną i wzywał swoich uczniów, żeby trzymali się od niej z daleka. „Wojna jest barbarzyństwem. Nie wierzcie, że wyzwoli was turecki sułtan. Taki sam z niego satrapa jak rosyjski car, a także arabscy władcy, którzy prawem Bożym, szarijatem, zasłaniają swoją tyranię. Wojna nie jest Bogu miła i zaklinam, byście jej nie podejmowali. Chyba że nieprzyjaciele napadną na wasze domostwa, by odebrać wam cześć, wiarę i pamięć o tym, kim jesteście. Wtedy i tylko wtedy powstańcie przeciwko nim i walczcie do ostatniego. A waszym orężem niech będzie wasza pobożność, mądrość, cierpliwość, uczciwość i dobroć. Żaden wróg nie zmoże tej siły. Prędzej czy później będzie musiał jej ulec i odstąpić. Nikt was nie pokona, jeśli sami nie zejdziecie ze ścieżki prawdy".

Kistowie w dolinie czcili pamięć o Kuncie-Hadżim, nazywali się jego uczniami, a co poniektórzy wyprawiali się nawet w pielgrzymki na czeczeńską stronę gór, by odwiedzić grób jego matki Chedy (sam szejk, aresztowany na rozkaz cara, umarł na zesłaniu w Rosji) i święte źródło, które wybiło w jego sąsiedztwie. Ale nie traktowali nauk szejka jako wytycznych, jak mają żyć. Dla ludzi zamkniętych w dolinie i odciętych od reszty świata, zarówno tego wielkiego, jak mniejszego, gruzińskiego, kaukaskiego, szejk był raczej ludową legendą. Przekazywana z pokolenia na pokolenie, jak przypowieść o zbójniku Dżokolo i innych abrekach, przypominała Kistom, kim są, skąd się wzięli i czym się odróżniają od innych. Muzułmańska wiara była więc dla nich porządkującą cechą jak skośne oczy u Kirgizów czy pszeniczna barwa włosów u Słowian. Stwierdzenie „jestem muzułmaninem" nie było wyznaniem wiary, ale określeniem swojego miejsca na mapie świata, swoich upodobań, zwyczajów. Niewiele było w nim duchowości, prawie wcale.

Zresztą wiara, zwłaszcza muzułmańska, nie była uważana za powód do chwały. To muzułmanie przegrali wojny i zostali podbici, a ich pogromcami okazali się chrześcijanie. Już to sprawiało, że islam kojarzył się z czymś gorszym, słabszym, podległym. Wstydliwym i wstecznym.

Za zacofanie uznawano zresztą także chrześcijaństwo i wszelką religię. Ci, którzy obalili rosyjskiego cara, zdobywcę Kaukazu, i władali teraz całym imperium, twierdzili, że Boga nie ma, a wszyscy, co sądzą inaczej, występują przeciwko nowoczesności i postępowi. Innymi słowy, są niebezpiecznymi wichrzycielami, zawalidrogami, których trzeba się pozbyć. Co prędzej i bez żadnej litości. Wyśmiewali i potępiali wiarę i tych, którzy nie chcieli się jej wyzbyć. „Kto w czasach komputerów i lotów w kosmos wierzy w coś, czego istnienia dowieść się nie da?" – szydzili. Religia to przeżytek, a człowiek nowoczesny, z otwartą głową, ktoś, komu zależy na rozwoju, nie może przecież wierzyć w Boga! A kiedy nie pomagały szyderstwa, kazali zamykać świątynie, a mułłów i ojczulków popów wtrącali do więzień, zsyłali na daleką Syberię.

Przekonywali, że życie nie jest po to, żeby się wyrzekać przyjemności i widzieć w nich tylko pokusę i grzech. Żyje się tylko raz! Po co się umartwiać, wiecznie pokutować, licząc, że po śmierci zostanie to poczytane za zasługę i zapewni zbawienie.

Lara była wtedy dzieckiem, ale dobrze pamiętała, jak w niedziele, dni wolne od pracy i uznawane przez chrześcijan za święte, przeznaczone na modlitwę, z dalekiego Tbilisi przyjeżdżali do doliny rozmaici towarzysze, żeby organizować jarmarki i festyny, ze śpiewem, tańcami, szaszłykami i wódką, karuzelami, strzelnicami, loteriami. Lara nie mogła się ich doczekać.

Kiedy była jeszcze mała, chodziła do meczetu z matką. Jak na muzułmanów przystało, mężczyźni i kobiety w dolinie modlili się osobno. Matka zabierała ją zwłaszcza w piątki, gdy w starym meczecie w Duisi, w specjalnym pomieszczeniu odprawiano zikr.

W języku arabskim słowo to oznacza wspominanie, a w religii muzułmańskiej rozmyślanie o Allahu, modlitwę, wprawienie się w bliski transu stan uduchowienia, które daje poczucie jedności z Bogiem. Większość wiernych czyni to w skupieniu, po cichu, odmawianą w głębi serca modlitwą.

Ale w dolinie uczniowie Kunty-Hadżiego, mężczyźni i kobiety, zwykli chwalić imię Pana głośno i w gromadzie, w kręgu, w śpiewie, wykrzykując pod niebiosa wszystkie jego imiona. *La ilaha illallah!* Nie ma Boga nad Allaha! Wirowali w modlitewnym uniesieniu, co w przypadku mężczyzn przybierało często postać groźnego, wojennego tańca.

Taki sposób wznoszenia modłów zawsze bardzo podobał się dzieciom w dolinie i gdyby mąż Lary żył wraz z nią w Dżokolo, zabierałby synów do meczetu, by mogli się przyglądać zikrowi, podglądać dorosłych i w ten sposób poznawać drogę do Boga i zbawienia. Ale w mieście, w którym wyrośli, religii nie uważano za sprawę ludziom najpotrzebniejszą, a rozmaite obowiązki dnia codziennego spychały ją z pola widzenia na coraz dalszy i dalszy plan.

Po przenosinach do miasta Lara, jak inni jego mieszkańcy, zaniedbywała wiarę, choć sama się przed sobą usprawiedliwiała, że taka była kolej rzeczy, tak się po prostu tam żyło i nic się na to nie poradzi. Większość miastowych nie potrafiłaby pewnie powiedzieć, gdzie szukać najbliższego w okolicy meczetu, a zikr, taneczny modlitewny krąg, jawił się im jako pochodzący z zamierzchłych czasów relikt, trącący naftaliną ludowy obrządek. Albo dawny, zarzucony zwyczaj czy noszone niegdyś stroje, góralskie sukmany i baranice, które teraz mężczyźni zakładali już wyłącznie na wesela i odwieczne święta, wciąż odprawiane po wsiach.

W mieście były nieobecne, za to w Pankisi dalej stanowiły naturalną część życia. Decydując się na powrót do doliny, Lara była gotowa na nowo podporządkować się jej prawom i wyzbyć miastowych przyzwyczajeń. Zdecydowała tak również za swoich synów. Przyszli na świat jako Czeczeni, tak jak tego chciała, a przynależność do czeczeńskiej wspólnoty miała zapewnić im lepsze życie. Teraz jednak, dla własnego dobra, mieli się stać Gruzinami, a na początek gruzińskimi Czeczenami, Kistami. Wracali do jej domu, a tam nic złego spotkać ich nie mogło. Nigdzie nie byliby bezpieczniejsi.

Rozgościwszy się w rodzinnej wiosce, włączyła się do obowiązków i ról rozdzielonych pomiędzy członków rodziny i wspólnoty, wpasowała w nowy rytm i kierunek życia. Wystarczyło sobie przypomnieć nie tak dawne w końcu czasy, a także podglądać i naśladować innych. Sądziła, że i jej synowie z łatwością sobie z tym poradzą. To prawda, nie było przy nich ojca, ale mieli tuż obok stryjów, dziadka, przyrodnich braci, bliższych i dalszych kuzynów. W dolinie nikt nie był sam i zdany tylko na siebie.

Może właśnie dlatego zlekceważyła niechęć, z jaką synowie odnosili się do nowej szkoły, do której ich posłała w dolinie. Musieli się w niej uczyć po gruzińsku, a znali w tym języku zaledwie parę podstawowych słów. *Gamardżobat*, dzień dobry, *madloba*, dziękuję, *me war*, jestem, *diah*, tak, *ara*, nie, *dzma*, brat. Nie cierpieli też nowych kolegów, którzy naśmiewali się z ich nieznajomości gruzińskiego i nie przepuszczali okazji, żeby im jak najboleśniej dokuczyć.

Pewnie powinna się była bardziej przejąć ich kłopotami, może za bardzo wierzyła, że wszystko się samo ułoży. Cieszyła się nawet, że początkowa nieprzyjaźń, okrucieństwo i szyderstwa, z jakimi chłopcy spotykali się w szkole, zbliżyły ich jeszcze bardziej do siebie. Dopiero po latach uświadomiła sobie, że nigdy się ze sobą nie bili, nie słyszała, żeby się kłócili. Nie pamiętała nawet, by skarżyli się przed nią jeden na drugiego.

Od zawsze byli dla siebie wsparciem. Starszy, Szamil, był bardziej zamknięty w sobie, spokojniejszy i cichszy, o refleksyjnym usposobieniu. Może dlatego wydawał się Larze tym zdolniejszym z synów. Chociaż obaj zawsze dobrze radzili sobie z nauką. Szamil miał też jakąś władczą naturę, która innym kazała go słuchać i robić, co mówił.

Raszid był silniejszy, mocniej zbudowany i trochę wyższy od Szamila. Był bardziej wybuchowy, skory do bójki. Szamil był mu zawsze i we wszystkim przewodnikiem. Raszid ufał mu i słuchał go w każdej sprawie. Jakby brat zastępował nieobecnego ojca. Któregoś dnia w szkole Raszid rzucił się na starszego chłopaka, który na boisku zamierzył się pięścią na Szamila. Chłopak był większy i silniejszy, ale nie mógł dać rady Raszidowi, bezradny wobec jego ślepej furii. Raszid przewrócił go i tłukł po okrwawionej twarzy, dopóki nie odciągnęli go nauczyciele. Nikt więcej w szkole nie ośmielił się szydzić z braci, a oni z czasem przywykli do nowego miejsca. Nauczyli się też mówić po gruzińsku i choć jeszcze długo władali tym językiem gorzej od innych, nauczyciele uważali ich za najzdolniejszych i najlepszych uczniów w klasie.

Codzienne sprawy i obowiązki w dolinie zajmowały ich wszystkich tak bardzo, że nie wracali ani w rozmowach, ani pewnie myślami do tego, co było. Ilekroć coś przypominało jej o życiu pozostawionym wraz z domem i mężem za górami, Lara sama dziwiła się, że aż tak bardzo wytarła je z pamięci, jakby nie miało znaczenia, jakby się w ogóle nie wydarzyło.

Wojna wybuchła, ledwie wyjechali z miasta. I wcale nie skończyła się w kilka dni ani tygodni, nie dałoby się jej przeczekać. Lara była zadowolona, że zaraz po przyjeździe do Inguszetii zdecydowała, że nie zatrzyma się tam dłużej, nie zamieszka kątem u znajomych czy krewnych, tylko pojedzie prosto do domu, do Pankisi. Niedługo po tym, jak wyjechali, do Karabułaku ściągnęły tysiące uciekinierów z miasta, w którym walki toczyły się na ulicach, placach, w parkach. Każdego dnia ściągali nowi. Zaczęło brakować dla nich miejsca, potem życzliwości, a w końcu skończyła się i cierpliwość, a z nią współczucie. Miejscowi, którzy z początku przygarniali wojennych tułaczy, nie mogli się doczekać, kiedy wreszcie pójdą sobie precz. Ludzie zerkali na nich spode łba, podejrzliwie, jakby się bali, że przyniosą pecha. Ale Lara z dziećmi była już bezpieczna, po drugiej stronie gór.

Dochodziły ją wojenne nowiny. Podawano je w telewizyjnych dziennikach, przynosili je ludzie, którzy wędrowali po górach i zapuszczali się aż do Czeczenii. W dolinie byli też Kistowie, którzy dowiedziawszy się o wojnie w Groznym, sami na nią ruszyli, by stanąć po stronie braci. Przeprawiali się potem na powrót z partyzanckich obozowisk do domów, żeby wydobrzeć z chorób i ran, odpocząć. Oni też przynosili do doliny wojenne wieści.

Lara słuchała, jak mówili o zdarzeniach w mieście, w którym żyła, ale ich opowieści nie nakładały się na obrazy, które potrafiła odtworzyć w pamięci. W śródmieściu, gdzie mieścił się jej teatr, w noworoczną noc czeczeńscy partyzanci rozbili i spalili sto rosyjskich czołgów. Nocą w mieście było tyle pożarów, że na ulicach zrobiło się jasno jak w dzień. Prezydencki pałac, przed którym w drodze do domu prawie codziennie przechodziła z synami, został zburzony przez bomby. Zresztą niewiele było w mieście budynków, które by nie ucierpiały podczas ulicznych walk.

– A teatr? – zapytała kiedyś. – Co z teatrem. Stoi?

– Teatr? – zdziwił się partyzant, który właśnie przyjechał z Groznego.

Nie wiedział, czy budynek przetrwał ani że w ogóle tam był. Uczestnicy ulicznych walk wiedzieli, gdzie pobudowano barykady, kto walczył w jakiej części miasta, kto czym dowodził, kto i gdzie kwaterował. Ale co i gdzie się mieściło przed wojną, nie miało dla nich żadnego znaczenia.

Tamten czas i świat legły w gruzach wraz z miastem, zostały unicestwione i unieważnione przez wszystko, co nastąpiło później. Lara to rozumiała. Pamiętała Grozny wyłącznie sprzed wojny, a dla ludzi żyjących w mieście, w którym się toczyła, liczyło się ono tylko w swym współczesnym kształcie, żadne inne nie istniało i nie mogło istnieć. Dlatego Lara nie pytała o Minutkę, plac, gdzie przed wojną stał dom, w którym mieszkała. Teraz nie miało to już żadnego znaczenia.

Wojna nie skończyła się szybko, również żadna z uczestniczących w niej stron nie wzięła góry nad drugą. Im dłużej zaś trwała, tym bardziej ludzie przeklinali tych, którzy ją zaczęli.

Ci, co przed wojną całym sercem popierali czeczeńskiego prezydenta, podziwiali jego odwagę i poświęcenie i zachęcali do jeszcze silniejszego oporu wobec Rosjan, teraz mieli mu za złe wojenne zniszczenia, cierpienie i poniewierkę. Ci zaś, którzy zawsze mieli go za awanturnika wystawiającego ich na niebezpieczeństwo w imię ułudy wolności, złorzeczyli teraz także Rosjanom. Zamiast przynieść im obiecywany święty spokój i dawny porządek, przemienili ich życie w zdającą się nie mieć końca udrękę.

Wojna trwała drugi rok, gdy Rosjanie wytropili w końcu w górskiej kryjówce i zgładzili czeczeńskiego prezydenta. Ale kiedy wydawało się, że ostatecznie złamią partyzantów, ci jak duchy objawili się w ruinach miasta, odbili je z rosyjskich rąk i wymusili zawieszenie broni. Rozejm był tak naprawdę zwycięstwem, bo oznaczał, że Czeczeni nie przegrali z rosyjskim wojskiem, nie przestraszyli się go, nie złożyli broni, lecz odparli atak i gotowi byli bić się dalej. Ze wszystkich ludów Kaukazu tylko oni nie poddali się Rosjanom. To jeszcze bardziej wyniosło ich nad innych. Mówiono o Czeczenach, że na całym Kaukazie w żołnierskim mistrzostwie mogli im dorównać jedynie Ormianie i Osetyjczycy. Znów stali się bohaterami, znów ich podziwiano, a Kistów z doliny Pankisi rozpierała duma, że są ich braćmi.

Znów zaczęli wyprawiać się na drugą stronę gór. Żeby nasycić się chwałą, która była też ich udziałem. Jako jedyni na Kaukazie stanęli przecież ramię w ramię z Czeczenami do walki zdawałoby się skazanej na przegraną. Wyjeżdżali do czeczeńskiej stolicy także w nadziei na zarobek, bo miasto podnosiło się z wojennych ruin, brakowało rąk do pracy. Rosja miała płacić za odbudowę zniszczonego kraju. Czas powojenny, kiedy ludzie wskrzeszają swoje życie, zawsze oznaczał dobrą koniunkturę dla tych, którzy nie bali się zaczynać wszystkiego od początku.

Pojechała też i Lara. Nie po to, aby szukać zarobku, ale żeby sprawdzić, czy potrafi jeszcze odnaleźć się w mieście. Czy było w nim jeszcze miejsce dla niej, a przede wszystkim dla jej synów. Poczuła się trochę winna, że wywożąc ich stamtąd, odebrała im cząstkę tej dumy wynikającej z faktu, iż są Czeczenami. Może zanadto się pospieszyła z ucieczką, za bardzo uległa lękowi, zabrakło jej wiary?

Pojechała sama, żeby się o tym przekonać. Chłopców zostawiła w dolinie pod opieką dziadków. Bała się, że jeśli będą przy niej, nie zdobędzie się na trzeźwy osąd. A jeśli miasto spodoba im się, zanim zdąży sobie wyrobić o nim własne zdanie? W Pankisi wszyscy w kółko rozprawiali o Czeczenach i zwycięskiej wojnie, o wyczynach partyzantów, ich męstwie, brawurze i męczeństwie. Nazwiska najsławniejszych komendantów powtarzano bez końca jak imiona świętych w litaniach odmawianych w prawosławnych cerkwiach. A dzieciaki na podwórzach bawiły się tylko w partyzantów i w wojnę. Jej chłopcy także.

Miasto przeraziło ją. Obce, wrogie, napastliwe, nie do poznania. Lara spodziewała się zastać po wojnie większe spustoszenia. Ale wysiadłszy z autobusu w śródmieściu, bez trudu odnajdywała dawne, znajome miejsca. Teatr, szkołę Szamila, przedszkole Raszida, park, przez który wracali do domu. Z dala sprawiały wrażenie nienaruszonych. Dopiero gdy się podeszło bliżej, okazywało się, że gładkie i kolorowe z oddali mury w rzeczywistości są popękane od wybuchów i ognia, podziurawione i poharatane karabinowymi seriami. Z bliska było widać, że większość budynków jest martwa, pogruchotana w środku, a puste otwory okien są osmalone ogniem i dymem. Szerokie ulice zawalał teraz gruz i szkło, żelastwo i kawałki poskręcanej blachy, nadpalone i połamane fragmenty mebli powyrzucanych lub wywleczonych na zewnątrz budynków. Tylko z bliska można też było się przekonać, jak bardzo poranione, okaleczone zostały drzewa w parku.

Najwidoczniejsze ślady wojna zostawiła na placu przed pałacem prezydenckim. Zryty czołgowymi gąsienicami, wybuchami, odłamkami bomb i moździerzy, bardziej przypominał zaorane na zimę kartoflisko niż dawny elegancki pasaż śródmiejski.

Sam pałac, przed wojną najwspanialszy gmach w mieście i symbol jego wielkości, tkwił teraz samotny na pustym placu, pośród pokrzywionych kikutów latarń i spalonych, sczerniałych drzew. Dopóki partyzanci nie poddali miasta, z pałacowych piwnic czeczeński prezydent dowodził wojną. Rosjanie chcieli zetrzeć pałac z powierzchni ziemi i zrzucili nań dziesiątki bomb z samolotów, ostrzelali z dział i czołgów. Sami musieli się dziwić, że przetrwał tę artyleryjską nawałnicę.

Przez śródmieście wiodła droga na plac Minutka, odległy o kilka przecznic od pałacu prezydenckiego. Tam właśnie wybierała się Lara. Chciała sprawdzić, czy dom, w którym mieszkała, przetrwał, czy ocalało mieszkanie. I czy kogoś w nim zastanie? Od wyjazdu z miasta nie miała żadnych wiadomości od męża. Sama też nie próbowała go odnaleźć, czegoś się o nim dowiedzieć. Niczego nie postanawiając, zdała się na los.

Prawdę powiedziawszy, nie za bardzo nawet wiedziała, czego szuka w mieście. Czuła tylko, że musi je zobaczyć i że dopiero wtedy przekona się, co ma robić dalej. Jeśli nie poczuje, że wciąż tam przynależy, jeśli nie wydarzy się nic, co ją w nim zatrzyma, wyzbędzie się ostatnich wątpliwości i resztek poczucia winy, wróci do doliny na drugą stronę gór. Dlatego i tylko dlatego z parku przed pałacem prezydenckim zamierzała pójść jeszcze na Minutkę.

Wśród ruin śródmiejskiego pobojowiska kręcili się ludzie, jeździły samochody, ustawiano stragany, wracało życie. Zatrzymała się przed zgliszczami pałacu. Było w nich coś, co nie pozwalało ich minąć obojętnie. Jakaś skarga, kalectwo, groza. Przypominały nagrobny pomnik, przed którym, z szacunku dla śmierci, nie sposób nie zwolnić kroku. Potrzaskany i czarny od ognia, z zarwanym dachem zdawał się chwiać i stojąc przed nim, miało się nieodparte wrażenie, że zaraz runie i należy przystanąć, by uszanować tę chwilę. Przyglądając się pokiereszowanemu pałacowi, Lara pomyślała, że robił straszniejsze wrażenie, niż gdyby się zawalił i legł w gruzach.

– A ty coś za jedna? – usłyszała.

Nie zwróciła uwagi na wojskowy samochód, który zatrzymał się tuż za nią. Nie zauważyła też żołnierzy, którzy ją teraz obstąpili.

– Skąd się tu wzięłaś i czego tu szukasz? – zapytał ten, który wyglądał na dowódcę. Nie wiedziała, co powiedzieć. Nie była tu obca, ale miejscową też się już nie czuła.

– Ruska? – mówił po rosyjsku.

– Nie, Czeczenka – odpowiedziała szybko, po czeczeńsku, prawie przestraszona, jakby zarzucał jej coś złego, czego nie zrobiła.

– Czeczenka? Na tutejszą nie wyglądasz.

– Czeczenka. Czeczenka z Gruzji.

– To tam żyją Czeczeni?

Było ich sześciu. Młodzi, brodaci, z przydługimi zmierzwionymi włosami, śniadzi. Palili papierosy. Dopiero gdy przyjrzała im się z bliska, dostrzegła, że nosili mundury dobierane na własną rękę, według własnego upodobania. Dwóch miało na nogach sportowe buty, a jeden zamiast drelichów nosił dżinsowe spodnie. Nie mieli żadnych dystynkcji, oznak wskazujących przynależność wojskową.

– I po coś tu przyszła, gruzińska Czeczenko? – zapytał dowódca.

– Rozejrzeć się – powiedziała.

– Rozejrzeć się – powtórzył i nie wiedziała, czy powątpiewa w jej słowa, czy daje im wiarę.

Przestraszyła się nie na żarty, choć nie dostrzegła w ich twarzach niczego złowieszczego, co wróżyłoby kłopoty. Byli tacy młodzi, niemal chłopcy. Poprzednim razem, gdy widziała mężczyzn z karabinami, wojna dopiero się do miasta zbliżała, krążyła wokół. Tamci mężczyźni byli starsi, dorośli. Pamiętała, że ściskali karabiny w dłoniach i na twarzach mieli powagę i strach. Wiedzieli, że wojna będzie ich sprawą, ale nie mieli pojęcia, jak się do niej zabrać i czy jej podołają.

Ci młodzi, którzy zaczepili ją przed zgliszczami pałacu prezydenckiego, nie bali się wojny. Przeżyli ją, dobrze poznali i nie była im już straszna. Może właśnie dlatego tak przestraszyli Larę. Karabiny nosili nonszalancko, zawieszone na szyi lub przerzucone przez ramię. Żartowali między sobą, śmiali się, byli swobodni i pewni siebie. Przed wojną takich młodych ludzi można było spotkać w parku, gdy przechadzali się alejkami i zaczepiali dziewczęta. Ufni, rozbawieni, przekonani, że miasto i cały świat należą do nich.

Ich powojenni rówieśnicy sprzed pałacu prezydenckiego czuli się podobnie. Przejęli miasto we władanie, uczestnicząc w toczącej się na jego ulicach wojnie. Nic dziwnego, że dobrze się w nim czuli, swojsko. Teraz to było ich miasto, byli jego gospodarzami, oni wyznaczali reguły i decydowali o wszystkim. Lara uważała, że mają do tego prawo nabyte na wojnie, podczas gdy inni mogą co najwyżej godzić się na role sublokatorów, których zadowalać powinno prawo do stałego pobytu. Wystawiając na niebezpieczeństwo własne życie i odbierając je innym, zawiązali braterstwo, do którego nie przynależał nikt z zewnątrz. A jednak wzbudzali w niej strach. Była pewna, że wojna musi odmieniać ludzi, i bała się ich. Nie wiedziała, czym różnią się potem od tych, którzy uciekli przed wojną, zabierając ze sobą dzieci. Co czują? Co myślą? Inaczej, to pewne, ale jak? Gdzie wyznaczają sobie granice między tym, co dobre, a tym, co złe, co wolno, a co jest zakazane.

Poza opowieściami o niezwykłych wyczynach czeczeńskich wojowników słyszało się w dolinie także historie o tym, że wśród zwycięzców i bohaterów pojawili się tacy, którzy korzystając z zamętu, porywają ludzi dla okupu. Z początku nie dawano podobnym nowinom wiary, ale gdy się powtarzały, obwiniano o to zwykle cudzoziemskich ochotników, którzy przybywali z krajów arabskich na świętą wojnę w obronie braci w wierze. Mówiono też, że wielu partyzanckich komendantów, którzy oparli się potężnej rosyjskiej armii, poczuło się tak pewnie, że nie uznawało już żadnej władzy, zwierzchności ani prawa.

– No to idź, rozglądaj się, gruzińska Czeczenko – powiedział w końcu dowódca. – I uważaj na siebie. Kto wie? Może się jeszcze kiedyś spotkamy.

Nie poszła na plac Minutka, zawróciła tam, gdzie wysiadła rano, gdzie zatrzymywały się autobusy z Inguszetii i skąd ruszały w drogę powrotną. Kiedy mijały ją wojskowe pojazdy pełne młodych długowłosych i brodatych partyzantów, Lara miała wrażenie, że dostrzega tych, którzy zaczepili ją pod pałacem. Przyspieszała wtedy kroku, jakby chciała uciec przed przeświadczeniem, że podążają za nią krok w krok, że są wszędzie. To było ich miasto, a ona czuła się w nim intruzem.

Ze swojej ostatniej wizyty w Groznym zapamiętała jeszcze, że ludzie, ci zwyczajni, na ulicach, wydali jej się jacyś dziwni. Przygarbieni, spłoszeni, czujni, gotowi w każdej chwili rzucić się do ucieczki. Czuła, że im dłużej jest wśród nich, tym bardziej i jej udziela się ten strach, przenika ją na wskroś, odbiera pewność siebie.

– Nie chciałam, żeby moi chłopcy na takich wyrośli. I na takich jak ci sprzed pałacu też nie – powiedziała Lara z namysłem. – To nie było dobre miejsce, żeby wychowywać w nim dzieci.

Dwie dziewczyny ze szkolnymi plecakami przewieszonymi przez ramię stanęły u szczytu schodów. Trzymając czerwone plastikowe tace, niepewnie rozglądały się po pustej restauracyjnej sali. Poza nami nie było w niej nikogo.

– Gdzie usiądziemy? – zapytała wyższa z dziewcząt. – Wolisz pod oknem czy tam dalej, w kącie?

– Bez różnicy. Tak, żeby można było spokojnie pogadać. – Druga wzruszyła ramionami, zerkając nieufnie w naszym kierunku. – Może być pod oknem.

Zajęły stolik z widokiem na aleję Rustawelego i wejście do metra. Wyglądały na przyjaciółki pragnące w zaciszu wymienić się nowinami, zwierzyć, poradzić. Na pierwszy rzut oka mogłyby nawet uchodzić za siostry czy kuzynki. Miały takie same długie kruczoczarne włosy, drobne, szczupłe sylwetki, ciemne oczy, pociągłe twarze przypominające Madonny ze świętych obrazów. Podobnie do siebie były również ubrane, zgodnie ze wskazaniami najnowszej mody z miejscowych żurnali. Nieśpiesznie zestawiały z tac kubki z napojami i pudełka z kanapkami, sałatkami, frytkami i deserami, wznosząc z nich na stole piramidę z kartonu.

– No to powiesz mi wreszcie? – ponagliła wyższa, wyciągając z kieszeni telefon komórkowy.

– Już, już, nie mogę tego znaleźć… – odparła druga, wodząc palcem po ekranie swojego telefonu.

– O! Mam! No sama zobacz!

Zamilkły obie, wpatrzone w ekrany telefonów, przebiegając palcami po klawiaturach. Bez słowa i nie podnosząc oczu, sięgały do rozstawionych na stole pudełek z kanapkami i frytkami.

Lara wydawała się tak pochłonięta tym, co działo się przy stoliku dziewcząt, że zapomniała o mojej obecności. Zdarzało się to już wcześniej. Wystarczyło byle co, by odbiegała myślami gdzieś daleko, a chwila obecna była dla niej jedynie płynną granicą, którą często przekraczała. Tym razem pomyślałem, że już nie wrócimy do rozmowy; jej nieobecny wyraz twarzy zdawał się to właśnie zapowiadać.

– Nie chciałaś, żeby twoi synowie wyrastali w mieście… – spróbowałem. – Mówiłaś, że miasto nie było dobre…

– Wciąż była w nim wojna – powiedziała machinalnie, zmuszając się do podjęcia wątku naszej rozmowy. – Człowiek myśli, że przed czymś takim można uciec.

Tak więc wojna, przed którą Lara dwa razy uciekła z miasta, nie zapomniała o niej. Odnalazła ją w dolinie po drugiej stronie gór. Lara nawet się nie spostrzegła, a ona już ją dopadła.

Rosjanie, którzy za pierwszym uderzeniem nie powalili Czeczenów na ziemię, ani myśleli godzić się z porażką. Odstąpili, ale tylko po to, by poczekać na sposobność i uderzyć jeszcze raz. Cierpliwie przyglądali się, jak Czeczeni skaczą sobie do oczu, wykrwawiają w bratobójczych bojach, trwonią zebrany kapitał podziwu i współczucia. Sami marnowali zwycięstwo, które uderzyło im do głowy jak czarne wino kidzmarauli, wytwarzane w dolinie rzeki Alazani i jak ono wykrzywiło prawdziwy obraz świata.

Rosjanie wrócili z wojną na Kaukaz, kiedy Czeczeni byli najsłabsi, rozbici, a zraziwszy do siebie wszystkich sąsiadów swoją pychą, gwałtownością i upodobaniem do przemocy, nie mogli dłużej liczyć na niczyją pomoc, odsiecz ani litość.

Tym razem Rosjanie nie posłali do szturmu na miasto piechoty ani pancernych pułków, lecz niespiesznie bombardowali je z samolotów, wszelkiego kalibru dział, moździerzy, wyrzutni rakietowych, miotaczy ognia. Ruszali do przodu dopiero wtedy, gdy oblegane ulice i dzielnice leżały już w gruzach, a wokół panowała martwa cisza, nie przerywana żadnymi oznakami życia.

Nie spieszyli się, nie popędzali z wojną, pozwalając, by wypaliła wszystko na popiół. Tym razem, podchodząc pod Grozny, nie zostawili ludziom, jak dawniej, nawet ostatniej drogi ucieczki. Żeby uciec z płonącego i walącego się miasta, jego obrońcy musieli zapłacić oblegającym ogromny haracz. A i tak zostali oszukani, bo wskazane przez Rosjan pole, przez które Czeczeni mieli nocą bezpiecznie przejść, okazało się pułapką. Było usiane minami. Rosjanie twierdzili potem, że nic o tym nie wiedzieli i że to sami Czeczeni ustawili miny jeszcze podczas poprzedniej wojny.

Ci, którym udało się ujść przed bombami i posuwającym się w ślad za nimi wojskiem, szukali ratunku w górach, szli dolinami rzek w kierunku górnego ich biegu. Ale Rosjanie nie zadowolili się zajętymi prawie bez walki stepami nad Terekiem, zrównaną z ziemią zbuntowaną stolicą ani podbitymi górskimi aułami. Pięli się z nizin doliną rzeki Argun w góry, krok w krok za uchodzącymi przed nimi Czeczenami, posyłając przodem lotnictwo. Aż w końcu zepchnęli ich na zasypane śniegiem przełęcze wiodące przez oblodzone szczyty na drugą stronę gór. Zima trwała już w pełni. W zasnutych chmurami bezludnych wąwozach na południowych stokach widać było tylko strzeliste kamienne wieże wzniesione przed wiekami do obrony. Gdzieś w dole wiły się między nimi drogi i ścieżki wiodące do wąwozów gruzińskich górali Chewsurów i Tuszynów, a także do leżącej nieco dalej za nimi doliny Kistów. To do niej zmierzali wojenni uchodźcy.

Lara nie pamiętała już, kiedy pierwsi z nich przybyli do jej wioski ani kim byli. Nagle, niemal z dnia na dzień dolina zapełniła się, a z każdym dniem ściągali nowi. Wyładowanymi ciężarówkami, samochodami, objuczonymi końmi, pieszo. Mężczyźni, kobiety, starzy, młodzi, dzieci. Z pakunkami, tobołami, okutani, opatuleni kocami, kołdrami przed zimnem. Wieźli też swoich rannych i chorych. Zatrzymywali się po prostu we wsi, czekali, aż obstąpią ich miejscowi, wypytają, użalą się nad ich nieszczęściem i poniewierką, zaproszą do domów, nakarmią, zaproponują nocleg.

Wkrótce nie było w Dżokolo ani w całej dolinie domu, w którym Kistowie nie przyjęliby pod dach czeczeńskiej rodziny. Oddawali im gościnne pokoje na piętrze, a nawet werandy, które po ociepleniu i odpowiednim przystosowaniu również nadawały się na prowizoryczne mieszkanie.

Uchodźcom oddano też szkołę, remizę straży pożarnej i meczet w Duisi. A także wszystkie tamtejsze urzędy, z których i tak nie było żadnego pożytku, ponieważ ze stolicy, z Tbilisi, od dawna nie przysyłano poleceń i pieniędzy na wypłaty. Zdawało się, że czeczeńscy tułacze są wszędzie, a zanim skończyła się zima i zazieleniły łąki na górskich zboczach, przybyszów w dolinie było już więcej niż miejscowych.

Z karawanami uchodźców przybywali też partyzanci, obwieszeni karabinami, bazookami, granatami, bandolierami. Wmieszani w uciekających cywilów sądzili, że skryją się przed rosyjskimi samolotami. Ale lotnicy ani myśleli dochodzić, kim są pasażerowie samochodów pnących się w góry krętymi drogami. Strzelali do wszystkich. Tak im zresztą mówiono w dowództwie. Wszyscy Czeczeni, bez różnicy, cywile czy zbrojni, są krwiożerczymi bandziorami, wszyscy są wrogami. Partyzanci wędrowali więc między cywilami na równych prawach, nie mogąc nawet wymusić pierwszeństwa przejazdu należnego przecież wojsku na wojnach. Nie ponaglali cywilów ani nie spychali ich z kamienistej drogi, chociaż spieszno im było, żeby przedostać się na południową stronę gór, zanim Rosjanie wysadzą desant na granicy i zamkną przełęcze. Wtedy musieliby się wycofać w góry, kryć przed samolotami i śmigłowcami, zapaść na zimę gdzieś w jaskiniach. Albo rozpuścić oddziały w nadziei, że przezimują po wsiach, a wiosną wrócą do górskich obozowisk. Nie uśmiechało im się ani jedno, ani drugie, dlatego spieszyli się, by dotrzeć na graniczne przełęcze przed Rosjanami.

Gruzińskich strażników granicy Czeczeni się nie bali. Gruzini zresztą nawet nie próbowali ich zatrzymywać, nie domagali się również, by złożyli broń przed wejściem na gruzińską ziemię. Wiedzieli, że w najlepszym razie Czeczeni wyśmialiby ich, w najgorszym zaś wymierzyli karabiny przeciwko nim.

Gruzja, choć powoli zapominała o własnych wojnach, wciąż nie mogła dojść po nich do siebie, podnieść się z biedy i bezprawia, a gruzińskich żołnierzy mało kto się na Kaukazie obawiał. Przegrali wojny z Abchazami, z Osetyjczykami, wykrwawili się w bratobójczym konflikcie. Nawet własnej wojny domowej nie potrafili rozstrzygnąć sami i aby pokonać przeciwników, władze musiały prosić o pomoc Rosjan. Kiedy na granicy pojawili się czeczeńscy partyzanci, Gruzini po prostu odwrócili wzrok.

Partyzanci, których oddział rozłożył się w Dżokolo, wydali się Larze doroślejsi niż ci, których widziała w Groznym. Może dlatego, że mieli dłuższe włosy i brody, a może byli po prostu zmęczeni po trudnej przeprawie przez góry i walce, w której zostali pokonani. A może to właśnie klęska tak naznaczyła ich twarze i to ona tak ich odmieniła.

Pewnego dnia, gdy wracała z synami z targowiska w Duisi, dostrzegła na ulicy partyzanta, który wydał się jej znajomy. Chciała do niego podejść, zagadnąć, ale zanim to zrobiła, zniknął wśród straganów i przekupniów. Zobaczyła go znowu, gdy już wracali z bazaru, przez okno samochodu, którym brat przywiózł ich na zakupy. Żołnierz stał z kilkoma innymi, tak jak oni ubrany w polową mundurową kurtkę i wełnianą czarną czapkę. Zapewne było to tylko złudzenie, ale Lara przez chwilę była pewna, że poznaje w nim dowódcę patrolu, który zaczepił ją na placu przed zniszczonym pałacem prezydenckim w Groznym. Poczuła, jak wtedy, że przejmuje ją chłód. Obejrzała się na synów na tylnym siedzeniu, ale nie zwrócili na nią uwagi. Patrzyli przez okno w drugą stronę.

Kilka dni później do jej domu w Dżokolo, gdzie rozłożyły się już dwie rodziny czeczeńskich uciekinierów, partyzanci przywieźli rannego Omara. W zasadzie do domu Lary sprowadził go Ali, jej kuzyn. Wyjechał z doliny, jak tylko rozeszły się wieści o wojnie w Czeczenii. Ledwie zdążył skończyć średnią szkołę. Zaciągnął się do partyzantki, walczył w tym samym oddziale co Omar.

Omar był znacznie starszy, dobiegał czterdziestki. Również pochodził z doliny, ale wyjechał z niej już dawno temu. Gdy wybuchła czeczeńska wojna, był na Syberii, dokąd zawędrował za chlebem. Dobrze mu się wiodło, zrobił dyplom inżyniera, znalazł posadę w masarni i godziwy zarobek, ożenił się, założył rodzinę. A jednak, dowiedziawszy się o nadciągającej nad Czeczenię wojnie, rzucił syberyjskie życie, wrócił na Kaukaz i zgłosił się do czeczeńskiego pospolitego ruszenia.

Po zwycięskiej pierwszej części wojny zdecydował, że na Syberię już nie wróci. Chciał jeszcze trochę poczekać, aż sytuacja się uspokoi i wyjaśni na dobre, a potem znaleźć w Groznym dom, rozkręcić interes, sprowadzić rodzinę i resztę życia spędzić na Kaukazie.

Ale wojna wróciła i zburzyła życiowe plany Omara wraz z miastem, w którym chciał osiąść na dobre. To właśnie od niego Lara dowiedziała się, że i z jej domu nie został nawet ślad.

Omar został ranny w budynku, w którym kiedyś mieszkała. Minutka była ostatnią linią obrony Czeczenów, którzy urządzili sobie stanowiska strzeleckie w oknach wielopiętrowych bloków górujących nad placem. Mogli z nich także trzymać w szachu nieprzyjaciół nacierających ze śródmieścia. Rosjanie, którzy zrównali z ziemią pół miasta, nie chcieli burzyć wieżowców przy Minutce. Zamierzali je zdobyć i przerobić na własne wieże strażnicze na wypadek, gdyby Czeczenom przyszło do głowy ruszyć z kontrnatarciem.

Rosjanom udało się wedrzeć do wieżowców, ale nie wyparli z nich Czeczenów. Partyzanci bronili się na wyższych kondygnacjach, rosyjscy żołnierze nacierali z dołu. Nocami, sobie tylko znanymi piwnicznymi labiryntami, oblężonym przybywali na odsiecz kolejni partyzanci i brali Rosjan w dwa ognie. Schody i korytarze zawalone były trupami, a powietrze ostre od zapachu prochu.

Najcięższe walki toczyły się w najwyższym z wieżowców, w którym przed wojną na dziewiątym piętrze mieszkała Lara z rodziną. Tam właśnie, na schodach dwa piętra niżej, pociski z wielkokalibrowego karabinu poraniły Omara. Żołnierz, który do niego strzelał, musiał kryć się na wyższym piętrze, bo kule przeszyły całe ciało Omara, od szyi i karku po brzuch. Lekarze, którzy go potem zszywali i przywracali do żywych, uważali za prawdziwy cud, że nie zginął i że żadna z kul nie pogruchotała mu kręgosłupa, choć przynajmniej jedna go uszkodziła, pozbawiając czucia.

Czeczeni dali za wygraną, dopiero gdy zaczęło im brakować amunicji. Sygnał do odwrotu wyszedł od ich przywódców, którzy jeden po drugim wymykali się z miasta do górskich kryjówek. Aby dać im czas na ucieczkę, pozostali komendanci powstrzymywali Rosjan tak długo, jak się dało. W końcu i oni uznali, że dalsza walka oznacza pewną śmierć.

Rannego Omara wynieśli z miasta ostatni wycofujący się partyzanci. Szli nocą, w śnieżycy, przez pole w kierunku miasteczka Ałchan-Kala. Droga ucieczki okazała się pułapką. Tej nocy na polu minowym zginęło i zostało okaleczonych więcej czeczeńskich partyzantów niż podczas trwających prawie sto dni walk o miasto. Omar przeżył. Towarzysze wywieźli go w góry, a stamtąd do szpitala w gruzińskim Tbilisi na operacje. Dopiero tam zaczął poruszać nogami, a później chodzić. Ale nawet wtedy lekarze nie dawali mu wielkich szans. Obrażenia miał tak rozległe, stracił tak wiele krwi.

Wypisanego ze szpitala Omara partyzanci powieźli do Pankisi. Choć wywodził się z doliny, nie miał w niej własnego domu, a w domu jego krewnych już dawno rozgościły się rodziny wojennych uchodźców. Do Lary przywiózł go Ali, który służył z Omarem w partyzantce.

Nie chciała go przyjąć.

– Jeszcze czego! – protestowała. – I tak wolnego kąta już w domu nie ma. I jeszcze tylko tego brakuje, żebym obcego chłopa brała! Co ludzie powiedzą?

Ale Ali ją w końcu uprosił, przekonał, że ludzie nie będą mieli jej za złe, jeśli przygarnie rannego.

– Lekarze mówią, że długo nie pociągnie – tłumaczył. – Pozwól człowiekowi umrzeć po ludzku. Chociaż to mu się od życia należy.

Zgodziła się, co miała robić?

Urządzili mu osobny pokój na werandzie, z tyłu domu, wyłożyli filcowymi kocami podłogę, ustawili łóżko. Ali przyniósł żeliwny piecyk, dorobił blaszany komin, który wyprowadził przez okno. Omar był zbyt słaby, by samemu nosić drewno, więc Lara pilnowała, żeby ogień nie wygasł mu w piecu. Czasami posyłała na werandę synów, żeby zobaczyli, czy się u niego pali i czy czego mu nie trzeba.

Nigdy nie wracali od razu. A ilekroć znikali jej z oczu albo nie odpowiadali na jej wołanie, wiedziała, że siedzą na werandzie zasłuchani w Omarowe opowieści o wojnie. Wiedziała też, gdzie ich znaleźć, jeśli przepadali z domu na dłużej i nie wracali na obiad. Razem z innymi dziećmi przesiadywali w starym magazynie, zamkniętej bazie maszyn rolniczych albo w przedszkolu, oddanym przybyłym z gór partyzantom na kwaterę.

Szkoły były pozamykane i dzieci nie miały co ze sobą począć ani gdzie się podziać. Zimą, gdy trudno było znaleźć dla nich jakąś robotę w domu, przerywano zwykle naukę z powodu ciągłych awarii prądu i siarczystych mrozów, podczas których nie dawało się ogrzać szkolnych izb. Zdarzało się też, że po świątecznych feriach nie opłacani nauczyciele nie wracali już do doliny i trzeba było czekać, aż z Tbilisi zostaną przysłani nowi. A teraz doszła jeszcze czeczeńska wojna i uchodźcy, których trzeba było gdzieś pomieścić.

Wiedzione ciekawością miejscowe dzieciaki krążyły wokół domów, gdzie zamieszkali Czeczeni, ale najbardziej ciągnęło je w te miejsca, gdzie rozłożyli się partyzanci. Zwłaszcza chłopcy potrafili całymi godzinami przyglądać się im w milczeniu, przysłuchiwać rozmowom, wpatrywać w lśniące, nasmarowane karabiny, wdychać ich metaliczny zapach. Podrywali się i pędzili na wyścigi, kiedy któryś z partyzantów prosił o jakąś przysługę. Zwykle biegali do najbliższego sklepu po sprawunki – papierosy czy herbatniki. Uszczęśliwieni, że zostali wybrani spośród innych, upychali po kieszeniach drobniaki, które partyzanci pozwalali im sobie zachować.

Najśmielsze z dzieci odważały się czasami prosić partyzantów, by opowiedzieli im o wojnie, co im się przydarzyło, co widzieli. Synowie Lary mogli słuchać tych opowieści bez końca. Nie kryjąc rozdrażnienia, ociągali się, kiedy przychodziła zabrać ich do domu. „Jeszcze trochę, parę minut" – prosili. Mieli żal, że traktuje ich jak dzieci. „Nie przychodź po nas, bo inni się potem z nas śmieją" – mówili. Szamil miał wtedy czternaście lat, a Raszid jedenaście. Po drodze do domu jeszcze nie mieli dość i omawiali między sobą usłyszane opowieści. Dyskutowali, który karabin lepszy na wojnie, który z partyzanckich komendantów najdzielniejszy i pod którego komendą chcieliby służyć. Tu byli zgodni. Wszyscy chłopcy w dolinie za najlepszego, najmężniejszego i najmądrzejszego dowódcę uważali Rusłana Gełajewa. Wszyscy nazywali go jednak imieniem Chamzat, które przybrał po pielgrzymce do Mekki. To z jego oddziału pochodzili partyzanci, którzy rozłożyli się na kwaterach w dolinie. Jego podwładnymi byli ranny

Omar z werandy i Ali, kuzyn Lary. Ludzie w dolinie opowiadali, że z liczącego ponad tysiąc ludzi partyzanckiego wojska Gełajewa wojnę i wędrówkę przez góry przeżyło najwyżej stu. Sam Gełajew zamieszkał z rodziną w jednym z miejscowych domów. Lara widziała go parę razy na drodze. Wysoki, barczysty, z długą brodą, nosił się na czarno. Miał syna w wieku Szamila i chłopcy ekscytowali się myślą, że będzie chodził z nimi do szkoły.

Idąc za nimi i przysłuchując się, jak rozprawiają o wojnie i partyzantach, Lara zastanawiała się czasem, czy nie za wcześnie uciekła z Czeczenii przed wojną. Gdyby trochę poczekała, chłopcy zobaczyliby na własne oczy, jak wygląda, a dobrze by też było, gdyby porządnie ich wystraszyła. Bo musiałaby ich przerazić. Tego Lara była równie pewna jak tego, że czułaby się dużo spokojniejsza, gdyby nie przyglądali się rozpalonym wzrokiem partyzantom i nie tworzyli własnego obrazu wojny z ich opowieści o bohaterach i męczennikach.

Zdarzało się też, że partyzanci dawali dzieciakom drobne upominki: suchary z żołnierskich racji, kostki cukru, jabłka. Najcenniejszymi skarbami były jednak podarki mające związek z wojną i wojskiem. Guziki od mundurów, sprzączki, odznaki, wełniane czapki, rękawice, prawdziwe bojowe pociski, a nawet łuski.

Któregoś dnia chłopcy przybiegli do domu z wojskowym bagnetem otrzymanym w prezencie od partyzantów. Położyli go na kuchennym stole i rozwinęli z usmarowanego płótna z dumą i nabożeństwem jak świętą relikwię. Zaraz potem zaczęli się spierać, któremu z nich został podarowany i kto ma do niego większe prawo.

Podeszła i bez słowa zabrała ciężki bagnet ze stołu. Spojrzeli na nią zdumieni, jakby widzieli ją pierwszy raz w życiu. Powiedziała, że póki żyje, nie wpuści pod własny dach wojny razem z całym jej żelastwem. Nic nie powiedzieli, ale Lara była pewna, że w ich spojrzeniach po raz pierwszy spostrzegła z trudem skrywaną złość, a nawet wrogość. Jakby odbierała im coś, co miało dla nich szczególne znaczenie, bo wyróżniało ich spośród innych. Choć to się już nigdy nie powtórzyło, zdarzenie to zapadło Larze głęboko w pamięć.

– Czy my jesteśmy muzułmanami? – zapytał młodszy, Raszid.

Po kolacji Lara zajęta była porządkami w kuchni, ale głos syna słyszała wyraźnie, jakby stał tuż obok niej. Poczuła, jak robi jej się gorąco i krew uderza do twarzy. Wśród Kistów nie było przyjęte, żeby dzieci odzywały się przy dorosłych nie pytane. W obecności ojca nie wolno im było się kłócić, a nawet płakać. Poczytywano to za dowód ich złego wychowania i karygodnego zaniedbania, jakiego dopuścili się rodzice.

Lara zerknęła przez szparę w niedomkniętych drzwiach do stołowego pokoju, w którym po posiłku wciąż siedzieli ojciec i bracia, a także sąsiad, który zaszedł do nich z jakąś sprawą i został na kolacji. Szamil i Raszid, na starej kanapie, oglądali telewizję. Tam przynajmniej siedzieli, kiedy zbierała ze stołu talerze. Zgodnie ze starym i przestrzeganym wśród Kistów obyczajem mężczyźni i kobiety jedli posiłki oddzielnie, w odrębnych izbach.

– Jesteśmy muzułmanami? – dopytywał się Raszid.

Nie dostrzegła go na kanapie przed telewizorem, więc najwyraźniej podszedł do stołu.

– Muzułmanami, muzułmanami. A jakżeby inaczej! – usłyszała rozdrażniony głos ojca. – A ty co? Kim jesteś, nie wiesz?

– Ale muzułmanie modlą się inaczej niż my – odparł Raszid.

– Jak inaczej? Skąd ci to do głowy przyszło?

– Czeczeni tak mówią. Że u nas źle to robimy. Nie po bożemu.

– Raszid! Szamil! – zawołała przez drzwi Lara. – Pomóc trzeba! Drewna do pieca przynieść! Ja dźwigać nie będę.

Chłopcy ubrali się i poszli do drewutni po polana na opał, a Lara, zmywając naczynia, słuchała przez drzwi, jak ojciec z sąsiadem narzekają na młodych. I na Czeczenów.

– Z Rosją idą na wojnę, a jednego zdania nie potrafią powiedzieć, żeby w nim ruskiego słowa nie wtrącić. Jakby swojego języka nie mieli.

– Bo i zapomnieli. Nic dziwnego! Przed wojną wszyscy u nich do miast chcieli uciekać, w miastach chcieli żyć. A w miastach co drugi to Ruski. Wychodzi na to, że to my, Kistowie, mamy większe prawo nazywać się prawdziwymi Czeczenami niż oni. Czyściej mówimy po czeczeńsku niż sami Czeczeni. Podobno ci z miasta to u siebie w domach całkiem po rosyjsku rozmawiają. I żyją jak Ruscy, nie po kaukasku.

– U nas żyjemy jak dawniej, jak nasi przodkowie. A jak w mieście po kaukasku żyć?

– Co prawda, to prawda. Zapominają stare zwyczaje, a nawet dla starszych poszanowania nie mają.

– No i z tego całe zło się bierze. Jak ludzie mają za nic stare świętości, to i dla siebie szacunku nie mają. A jak nie mają dla siebie, to i niczego nie uszanują. Nic im zadowolenia nie da ani spokoju i szarpać się tylko już będą do śmierci.

Trzasnęła zapałka i do kuchni doleciała woń papierosów.

– Widzisz no! Już ci dzieci mówią, że nie po bożemu żyjesz, że się modlić nie umiesz.

– To tamci młodym w głowach mieszają, podburzają. Wszystkie rozumy pozjadali. Palić tytoniu nie wolno, wina pić nie wolno, kiełbasy przegryźć też nie wolno. Tego nie rób, tamtego nie rób, niczego nie wolno.

– Jak tak dalej pójdzie, to nie na Ruskich, ale całkiem na Arabów nas tu wszystkich poprzerabiają.

Drzwi się otwarły, a z sieni powiało świeżością i wilgotnym śniegiem. Szamil i Raszid zrzucili na podłogę naręcza polan i zaczęli układać je przy piecu.

– Co w was wstąpiło, żeby takie rzeczy przy dorosłych mówić? – zapytała gniewnie Lara. – I kto wam tego naopowiadał?

– No, bo tak mówią – odpowiedział Szamil.

– Kto tak mówi?

– No Czeczeni – wyjaśnił Szamil.

– Ci z przedszkola?

– Ci też. Ale i chłopaki, co z nami chodzą do szkoły. Mówią, że w naszym meczecie wszystko jest nie tak jak trzeba.

– Znaleźli się znawcy. – Wzruszyła ramionami.

– Mówią, że powinniśmy się uczyć arabskiego. Bo Koran napisany jest po arabsku.

– U nas wiary się uczymy od naszych ojców.

– Ale przecież dziadek nie umie po arabsku. To skąd wie, co jest napisane w Koranie?

– A wiesz, że u nas w wiosce są Arabowie? Widziałem dwóch w przedszkolu. Trochę znają czeczeński – wtrącił się Raszid. – Prorok Mahomet był Arabem, wiesz?

Przytaknęła głową.

– A wiesz, jak oni mówią na to, jak my się u nas modlimy? – zapytał młodszy z synów.

– Jak?

– Kukiełki! – Obaj wybuchnęli śmiechem. – Mówią, że kiedy podczas modlitwy podskakujemy i biegamy w kółko, przypominamy kukiełki z lalkowego teatru. Mówią, że prawdziwi muzułmanie się tak nie modlą i że Allahowi nie podobają się takie modły jak nasze.

Spory o to, kto ma prawo nazywać siebie prawdziwym muzułmaninem, a kto na to miano nie zasługuje, słyszało się w dolinie coraz częściej. Przybysze z Czeczenii, otrząsnąwszy się z wojennego przygnębienia i rozpaczy oraz oswoiwszy się z doliną i jej gospodarzami, Kistami, zaczęli bez ogródek wytykać im zacofane i przestarzałe ich zdaniem porządki, zły osąd sytuacji i mylne poglądy na otaczający ich świat.

Nawet jeśli Czeczeni mieli na względzie tylko dobro swych braci i uważali, że winni są im szczerość, która ustrzeże ich od błędnych wyborów, Kistowie odebrali to jako oburzającą obcesowość, która nie przystoi gościom korzystającym z miłej gościny i w ogóle nie wpisuje się w jakąkolwiek etykietę.

Co w tym złego, że żyli jak ojcowie? Nie widzieli powodu, by odrzucać czy zmieniać stare zwyczaje i przyzwyczajenia. Nie oni je wymyślili, nie im je oceniać. Powstawały przez wieki i pokolenia. Gdyby rzeczywiście miały być ciężarem, prowadzić ku zgubie, dawno zostałyby zarzucone. A jednak to właśnie one ich ukształtowały i nadały tożsamość. Pozwoliły im nie zapomnieć, kim są, nawet wśród obcych i na obcej ziemi. Przetrwali, gdy tak wiele kaukaskich ludów i narodów już dawno przepadło i nikt już nawet ich nie pamięta. Ich rolą nie było więc gonić za nowinkami, lecz pamiętać, jak żyli od pokoleń, i nauczyć tego synów i wnuków, przekazać im tę mądrość jak dziedzictwo, które im także pozwoli nie zatracić się i nie zgubić właściwej drogi.

Zawsze, nawet w okresach, gdy podlegali obcej władzy, rządzili się sami, według własnych zasad. Sami wyznaczali granice między dobrem i złem, sami rozstrzygali spory drobne i duże, orzekali o zbrodni, karze i zadośćuczynieniu. Nie wzywali gruzińskich policjantów, śledczych ani sędziów, jeśli sami potrafili dojść sprawiedliwości, znaleźć i osądzić winnych. Zarówno mordu, rabunku, jak małżeńskiej zdrady. Umiejętność ta przydawała się zwłaszcza w czasach najtrudniejszych, podczas dziejowych burz grożących zagładą. Jak wtedy, gdy w Gruzji wybuchła wojna domowa i w kraju zapanowało bezprawie i bieda. Zapomniani przez wszystkich, nie doczekaliby się ratunku i przepadli marnie, gdyby swoje ocalenie uzależnili tylko od dobrej woli innych. Zamiast bez skutku szukać pomocy, podpowiedź znaleźli w pamięci o tym, jak kiedyś żyli. W Tbilisi, Megrelii czy Imeretii królowały nieporządki i przemoc. W dolinie Kistów rządy przejęła starszyzna, a życie popłynęło według dawnych zwyczajów i reguł.

Władzę nad swym życiem Kistowie powierzyli starszyźnie, mężczyznom dzielnym, uczciwym i mądrym. Podobnie jak inni górale na Kaukazie, Kistowie uważali, że sędziwy wiek i doświadczenia zebrane podczas długiego życia są mądrością równie cenną jak ta nabyta podczas nauki w akademiach. Starszych uznawano za wyrocznię w każdej sprawie, ich słowo było ostateczne, a młodzież była im winna szacunek i posłuszeństwo we wszystkim.

Jeszcze zanim do doliny przybyli wojenni uchodźcy z Czeczenii, starszyzna Kistów zrozumiała, że na sprawach islamu nie zna się tak dobrze jak na starych zwyczajach, prawach i obrządkach. Jej członkowie nie znali arabskiego. Nie czytali więc Koranu w oryginale, jak należało, a tylko nieliczni mieli w rękach Świętą Księgę przetłumaczoną na język rosyjski czy gruziński. Nie wiedzieli nawet tego, że grzechem śmiertelnym jest sama próba tłumaczenia słów Proroka na obcą mowę. Nie wolno im było jeździć po świecie, aby zgłębiać islam w sławnych akademiach w Kairze, Damaszku czy Jerozolimie. Żeby pojechać na pielgrzymkę do Mekki, musieli zapisać się w specjalnym urzędzie, czekać na pozwolenie i paszport wydawany tylko na czas podróży. Zresztą co tu mówić o Mekce i muzułmańskich akademiach, skoro w ich własnym kraju władcy utrzymywali, że Boga nie ma, nakazywali zamykać świątynie, a kapłanów wtrącali do więzień. Wierni modlili się po domach, w których jedną z izb przeznaczali na pokój modlitewny. Ale to ukradkowe wznoszenie modłów też było niemile widziane i nawet za to ludzi spotykały nieprzyjemności i prześladowania.

Starzy Kistowie nie rościli więc sobie prawa do rozstrzygania w sprawach wiary, a wręcz przyznawali, że młodzi wyznają się na tym o niebo lepiej. Przyszło im żyć w nowym już świecie, w którym miało nie być żadnych granic. Wolno im było jeździć, dokąd chcą, wierzyć, w co chcą, i robić, co im się żywnie podoba. Starsi obawiali się, by ta nagła swoboda, która spadła na ludzi, nie obróciła się przeciwko nim samym. Ale mimo nieufności w stosunku do zmian i tego co nowe przyznawali, że niebezpieczeństwa, jakie niosą nowe, nieznane czasy, są niewspółmiernie małe wobec bezmiaru korzyści, jakie obiecują.

Starszyzna nie sprzeciwiała się wyjazdom młodych na naukę do dalekich krajów, już nie tylko do Rosji, ale i do Europy. Na europejskie studia mogły sobie pozwolić jedynie nieliczne rodziny w dolinie. Młodzi za to coraz liczniej wyprawiali się do Turcji, Egiptu, Syrii, Jordanii, a nawet Arabii Saudyjskiej, ojczyzny Proroka, gdzie ich naukę opłacali miejscowi dobrodzieje, którzy poczytywali sobie za obowiązek pomaganie innym muzułmanom na świecie i odkrywanie przed nimi prawd objawionych przez islam. Do podróży na Bliski Wschód zachęcali też wędrujący po świecie arabscy posłannicy, którzy jak pielgrzymi pojawili się także w dolinie. Do Czeczenii, po drugiej stronie gór, przybyli znacznie wcześniej.

Kiedy młodzi wracali do domów, na wakacje albo na stałe po ukończeniu nauki, starzy Kistowie chętnie przysłuchiwali się ich opowieściom z dalekiego świata. Młodzi dzielili się nowinami i zdobytą wiedzą, a ci, którzy wracali z arabskich uczelni, objaśniali też, jak odnaleźć właściwą drogę do zbawienia i jak z niej nie zboczyć. Starszyzna nie widziała w tych opowieściach nic złego. Wręcz przeciwnie – zdawały się nieść same korzyści. Młodym zaś do głowy nie przyszło, by zdobyte za granicą mądrości mogły posłużyć do buntu przeciwko starszyźnie i porządkom, których była strażnikiem.

Tak było, dopóki w dolinie nie pojawili się Czeczeni. To oni, obśmiewając stare zwyczaje Kistów, zaczęli nastawiać młodych przeciwko starym, podburzać, przekabacać na swoją modłę. „Wiara jest prawdą, a w Świętej Księdze znajdziecie odpowiedzi na wszystkie pytania i drogowskazy, które poprowadzą was przez życie do zbawienia. Nimi i tylko nimi należy się kierować, a nie słowami starców, którzy nie mogą być dobrymi przewodnikami, bo o prawdzie nie mają pojęcia ani nawet nie próbują jej szukać. Nie starszym się kłaniajcie, ale Bogu. Jemu bijcie pokłony, bo tylko Jemu jesteście to winni. Czyście ślubowali starszym posłuszeństwo tylko dlatego, że dożyli sędziwego wieku? Żaden zwyczaj, choćby najstarszy, nie może mieć pierwszeństwa przed prawdą wiary. Każdy zwyczaj jest dziełem ludzi, a wiara pochodzi od Najwyższego. Komu służycie? Bogu czy starszyźnie?" – przekonywali młodych Czeczeni, a zwłaszcza partyzanci i ich mułłowie. Partyzanci nazywali siebie mudżahedinami, świętymi wojownikami. „Siedzicie w tej swojej dolinie – mówili – zamknięci, nie wiedząc nic o świecie ani jak się zmienia. Nikt już nie żyje tak jak wy".

Wielu młodych Kistów przyznawało rację Czeczenom i ich kapłanom. Sami sobie zadawali pytanie, czy ktoś, kto tak bardzo myli się w kwestiach wiary, może być wyrocznią we wszystkich innych sprawach? Najpierw skrycie, a potem, zachęcani przez mudżahedinów, coraz jawniej zaczęli powątpiewać w mądrość starców, podważać ich prawo do zwierzchności.

Starsi, dotknięci do żywego, uradzili, że nie będą wpuszczać buntowników do swoich meczetów. Czeczeni, niewiele myśląc, zabrali się do budowy własnego. Nie pytając nikogo o pozwolenie, wznieśli go szybciej, niż ktokolwiek mógł się spodziewać. Stanął w Duisi, największej spośród wsi w dolinie, przy głównej drodze, tuż obok szkoły średniej. W porównaniu ze starym, liczącym sto lat meczetem Kistów wyglądał jak pałac. Wielki, z czerwonej cegły, z minaretem pokrytym srebrzystą blachą i z przylegającą do świątyni medresą, domem imama i szkołą języka arabskiego. Za budowę meczetu, a potem kolejnych, zapłacili arabscy posłańcy, którzy coraz liczniej przybywali do doliny. Przyjeżdżali z pomocą dla wojennych uchodźców, braci w wierze, z duchowym wsparciem, modlitwą, ale także, aby podnieść na duchu partyzantów i zagrzać ich do dalszej walki. Do doliny przybywali też ze świata ochotnicy na wojnę w górach, głównie Arabowie. Pojawiły się nawet plotki, że sam Osama ibn Ladin, uznawany za emira wszystkich mudżahedinów świata, zamierza przekraść się do doliny, by ukryć się w niej przed prześladowcami i dowodzić stąd świętą wojną na całym świecie.

W nowym meczecie z czerwonej cegły rozdzielano dary przysyłane przez arabskich dobrodziejów. Choć mogli się po nie zgłaszać wszyscy mieszkańcy doliny, podarki trafiały niemal wyłącznie do rąk tych, którzy przychodzili się tu modlić albo przesiadywali całymi dniami na świątynnym dziedzińcu, wymieniając się opowieściami i próbując zabić czas, którego wszyscy mieli w nadmiarze.

Przed nowym meczetem wraz z innymi chłopcami przesiadywali też synowie Lary. To tu działy się najciekawsze w dolinie rzeczy. Przyglądali się przychodzącym na modlitwy brodatym partyzantom, przysłuchiwali się ich rozmowom i opowieściom. Czeczenom czas się dłużył, więc dla rozrywki i żeby nie wyjść z wprawy ćwiczyli na meczetowym dziedzińcu walkę wręcz, podnosili ciężary. Chłopcy naśladowali każdy ich ruch, a czasami partyzanci dawali się uprosić i pokazywali, jak zadawać ciosy, a także jak się przed nimi bronić. Kiedy zaś imam rozdzielał w meczecie zagraniczne dary, dbał, by żaden z chłopców nie odszedł do domu bez jakiegoś arabskiego podarku.

Pewnego dnia synowie poprosili, żeby skróciła im spodnie. Do kostek, tak jak nosił imam z nowego meczetu i sam Prorok. Odmówiła, tłumacząc, że w przykrótkich spodniach będą wyglądali śmiesznie.

– To sam sobie obetnę! – powiedział zagniewany Szamil.

– Spróbuj tylko, a pożałujesz! – pogroziła.

– Nie możesz do mnie tak mówić! – krzyknął syn. – Mam piętnaście lat i jestem dorosły. Tak mówi imam. Jestem już mężczyzną i nie będziesz mi więcej mówić, co mam robić.

Ją samą zdziwiło, że zamiast wybuchnąć gniewem, niespodziewanie parsknęła śmiechem. Na harde słowa syna nie odpowiedziała złością, lecz rozbawieniem. Podeszła do niego i zmierzwiła mu palcami czupryne.

– Mój mężczyzna – powiedziała. – Mój obrońca.

Wyrwał się jej, odskoczył jak oparzony.

– No co ty! Mamo! – zawołał.

– A ty? – złapała w ramiona młodszego i przycisnęła go mocno do piersi. – Ty też jesteś już mężczyzną?

Ojciec Lary przestrzegał ją, by nie pozwalała synom spędzać tyle czasu w nowym meczecie. Zbywała jego uwagi zapewnieniami, że się tym zajmie, ale w gruncie rzeczy nie widziała nic niepokojącego w tym, że synowie przesiadują w nowym meczecie i zadają się z poznanymi tam ludźmi. Uważała, że starsi przesadzają, uznając tych ludzi za wyrodków i odszczepieńców, którzy lekceważą świętości i usiłują zburzyć dawny świat. Podobało się jej, że zakazują palenia tytoniu i picia wina, a także używania narkotyków, których wcześniej w dolinie nie znano. Twierdzili, że uleganie tym słabościom jest grzechem i nie przystoi prawdziwym muzułmanom.

Pewnego razu młodzi z nowego meczetu zatrzymali na głównej drodze człowieka, o którym wszyscy w dolinie wiedzieli, że zajmuje się przemytem. Wyciągnęli go z samochodu, a przeszukując pojazd, znaleźli narkotyki. Na oczach całej wsi wrzucili pakunek do rzeki, choć starsi protestowali, twierdząc, że wart jest majątek, z którego wszyscy w dolinie mogą skorzystać. Młodzi starali się też ratować już uzależnionych od narkotyków. Zamykali się z takim człowiekiem w meczecie i modlili się tak długo, aż uzdrawiany poczuł, że na dobre uwolnił się od pokusy.

Skrzyknęli się w pospolite ruszenie i wyznaczali spośród siebie patrole, które tropiły w dolinie przestępców. Schwytanych prowadzili do nowego meczetu, gdzie wraz z imamem odprawiali nad nim sąd i wyznaczali karę według praw zapisanych w Koranie. To również starszyzna Kistów odebrała jako zamach na swoją zwierzchność w dolinie, stare porządki i prawa wynikające ze zwyczaju.

Lara nie uważała, by ci ludzie mogli sprowadzić jej synów na złą drogę. Podobała się jej surowość i prostota młodych z meczetu oraz ich wezwania do oczyszczenia i odnowy wiary i ducha. A wojowniczość i zatrącająca fanatyzmem zasadniczość poglądów? Lara uważała to za przywilej młodości, czasu, w którym strzelistość marzeń, podobnie jak skrajność i przesada w uczuciach i poglądach są czymś normalnym, nie rażą i nie wydają się groźne.

Przyznawała jednak ojcu rację w tym, że w powietrzu wyczuwało się coś niepokojącego, jakąś gorączkowość odbierającą myślom lekkość i pogodę. Zajęci codziennymi sprawami miejscowi nie zwracali może na to uwagi, nawet nie rejestrowali tych drobnych z pozoru zdarzeń, które po czasie okazują się kamieniami milowymi w życiu. Ale przyjezdni widzieli wyraźnie, jak świat Kistów, niezauważenie dla nich samych, staje na głowie i obumiera.

Z doliny pouciekali urzędnicy, policjanci i wszyscy, którzy dotąd zarządzali jej życiem. Nie wiadomo, czy uciekli sami, ze strachu przed czeczeńskimi partyzantami, czy też przez nich przegnani. Grunt, że teraz Czeczeni stanowili władzę. Brodaci, długowłosi, nie kryli się już po podwórzach, lecz obwieszeni karabinami paradowali po ulicach i targowiskach.

Po wyjeździe urzędników starszyzna Kistów, jak zwykle w chwilach kryzysu, próbowała zaprowadzać własne rządy, ale mało kto jej słuchał. Niewiele też mogła, bo sprawy załatwiało się teraz z partyzantami, od nich wszystko zależało. A ostatnie słowo należało do ich emira Gełajewa.

Władzę starszyzny, jej poważanie wśród ludzi i posłuch uszczuplali dodatkowo młodzi z nowego meczetu i ich trybunał, który rozpatrywał skargi i rozsądzał spory szybciej, za darmo i powołując się na prawo Boże i równość przed Najwyższym bez względu na majątek, koneksje czy zasługi.

Starsi próbowali się bronić. Nie przed wiarą – uważali się przecież za muzułmanów. Dziwiła ich nagła pobożność, która spłynęła z gór na młodzież w dolinie wraz z wojną i wojennymi uchodźcami. Złościło ich szarogęszenie się młokosów z nowego meczetu i ich mułłów. Mieli też żal do przybyszów z Czeczenii, którzy za gościnę odpłacili im taką niewdzięcznością. Starszyzna i pozostali obrońcy starych porządków pisali więc skargi i petycje do władz w stolicy, by zabroniły imamom z nowego meczetu uczyć dzieci języka arabskiego i wysyłać młodzież na darmową naukę do szkół i akademii w Arabii. Wszystko na nic. Prośby i groźby pozostały bez odpowiedzi. Nikogo w stolicy nie obchodziła dolina i los jej mieszkańców, a już na pewno nikt nie chciał mieć do czynienia z osiadłymi w niej przybyszami z Czeczenii, partyzantami, mułłami, arabskimi posłańcami. W tamtych czasach w gruzińskiej stolicy trudno było znaleźć taksówkarza, który zgodziłby się zabrać pasażera do doliny. Najodważniejsi lub najbardziej zdesperowani jeździli najdalej do Ahmety, ostatniego gruzińskiego miasta u bram doliny. Dalej trzeba było podróżować na własną rękę.

Bezkrólewie, jakie zapanowało w dolinie, sprawiło, że w mgnieniu oka przerodziła się ona w krainę złoczyńców wszelkiej maści. Nikt ich tu nie szpiegował i nikt nie ścigał. Partyzanci byli zajęci przygotowaniami do nowych wojennych wypraw na drugą stronę gór i nieobecność gruzińskich urzędników, sędziów, policjantów i żołnierzy była im bardzo na rękę. Traktowali dolinę jak partyzanckie obozowisko. Wystawili posterunki na wiodących do niej drogach i nie przepuszczali nikogo, kto wydał im się podejrzany. Władze gruzińskie też wolały nie wiedzieć, co się dzieje u Kistów. Tym bardziej że i tak niczemu nie potrafiłyby się przeciwstawić.

Gruzja, choć na dobre zapominała już o własnych wojnach, wciąż nie radziła sobie z wolnością, która przybrała pokraczną postać sobiepaństwa i bezkarności. Policja łupiła podróżnych na drogach, a urzędnikom i sędziom trzeba było płacić daninę za załatwienie najdrobniejszej sprawy. Nawet w szkołach nauczyciele domagali się łapówek za wystawienie dobrej oceny na egzaminie lub za przepuszczenie do wyższej klasy. Wszystko było na sprzedaż, zaś pieniądze najlepiej zapewniała władza poprzez dostęp do państwowego skarbca, zasilanego pożyczkami i datkami z Zachodu. Europa i Ameryka upatrzyły sobie w Gruzinach sojusznika, a ich kraj traktowały jako przyczółek, redutę i faktorię na Kaukazie.

Gruzińskie polityczne rody i partie toczyły więc między sobą wściekłą walkę o to, by znaleźć się jak najbliżej tronu, o każdy skrawek władzy. W zapomnianej dolinie, która niespodziewanie znalazła się poza wszelką kontrolą, przekupni dygnitarze ze stolicy dostrzegli okazję do pokątnych interesów i dodatkowe źródło dochodu.

Zdumieni Kistowie z trwogą przyglądali się, jak przez ich wioski ciągną przemytnicze karawany z bronią, narkotykami, kontrabandą, kradzionymi samochodami, stadami bydła. Najgroźniejsi w kraju przestępcy, ścigani listami gończymi lub zemstą, znajdowali tu bezpieczne kryjówki, a porywacze ludzi przetrzymywali w dolinie swoich jeńców. Nikt ich nie nękał, bo gruzińscy policjanci bali się tu zaglądać, a ci, którzy zapuszczali się z pościgiem za daleko, zwykle sami dostawali się do niewoli i władze musiały płacić za nich okup. Porwania stały się wkrótce taką plagą, że nikt w Gruzji nie mógł się czuć bezpieczny. W wioskach Kistów przetrzymywano w piwnicach nawet uprowadzonych ministrów gruzińskiego rządu. Kiedy o dolinie zrobiło się głośno, władze z Tbilisi, w gruncie rzeczy bezradne, wystawiły jedynie policyjne posterunki na drogach wiodących do doliny. Miały one nie wpuszczać do wiosek nikogo, kto nie był ich mieszkańcem.

Przemytnikami, porywaczami, złodziejami i zabójcami byli obcy. Gruzini, Ormianie, Czeczeni, a nawet Rosjanie, którzy, zdarzało się, najmowali jedynie miejscowych Kistów lub przebywających u nich w gościnie Czeczenów. Ale to na Kistów spadła cała nienawiść Gruzinów za strach i upokorzenie, w jakich przyszło im żyć. Przypomnieli też sobie, że kiedy w ich kraju wybuchały wojny, bracia Kistów, Czeczeni, walczyli po stronie gruzińskich nieprzyjaciół.

Lara nie wyjeżdżała w tamtym czasie z doliny, ale sąsiedzi i znajomi, którzy wracali z wypraw do Tbilisi lub do Telawi, opowiadali, z jaką wrogością byli tam traktowani. Wystarczyło dać się rozpoznać jako Kist, by urzędnicy i sprzedawcy w sklepach, nawet pielęgniarki, zaczęli odpowiadać półsłówkami, spoglądać z niechęcią. Kist znaczył w oczach Gruzinów tyle co bandzior, podły zdrajca, fanatyk i okrutnik. A pewien chłopak z Birkiani, który kształcił się na lekarza na uniwersytecie w Tbilisi, został pobity przez innych studentów za to jedynie, że pochodził z doliny. Lara bardzo się tym przejęła, bo starszy z synów miał iść wkrótce do szkoły średniej. Miejscowe liceum w Duisi nigdy nie cieszyło się dobrą opinią, zresztą cała dolina w tamtym czasie nie była najlepszym miejscem do nauki i do życia. A nauczyciele nie mogli się nachwalić Szamila, że taki zdolny i że nie wolno go zmarnować. Larze szkoda było chłopaka i myślała, czy nie posłać go do szkoły do Tbilisi. Już była niemal zdecydowana i rozpytywała u sąsiadów, czy nie mają jakichś kuzynów lub znajomych w mieście, u których Szamil mógłby zamieszkać na czas nauki. Kiedy dowiedziała się o pobiciu studenta z Birkiani, znów nabrała wątpliwości.

Gruzini przestali uważać Kistów za rodaków, a okazało się, że i Czeczeni nie uznawali ich wcale za swoich. Wszyscy zaczęli się od nich odsuwać. Wystraszeni przez partyzantów, mułłów, Arabów, a wreszcie przez pospolitych przestępców z doliny powyjeżdżali ostatni Osetyjczycy, Chewsurowie, Pszawowie, Tuszyni, Azerowie. Czeczeni szukali w dolinie ratunku przed wojną. Teraz, kto mógł, uciekał z doliny i przed nią, przed zbrodnią, którą zrodziła. Sama wojna też krążyła wokół, nieopodal, czuło się, że jest w pobliżu, wypatruje tylko dobrej chwili, by uderzyć. Wcale nie została po drugiej stronie gór.

Rosyjskie samoloty i śmigłowce, nie zważając na obecność gruzińskich żołnierzy na granicy, nieraz zapuszczały się nad dolinę Pankisi, ostrzeliwując rakietami bezludne, porośnięte lasami górskie zbocza. Celem były obozowiska czeczeńskich partyzantów, ale w wyniku powietrznych rajdów zginęli też pasterze, zbieracze kasztanów i chrustu. Rosjanie zbombardowali leżącą wysoko w górach wioskę Girewi i dolinę rzeki Ilto w Tianeti, biorąc ją pewnie za położony bardziej na zachód wąwóz Pankisi. Ale zrzucili bomby także po sąsiedzku, w lasach wokół Omalo i Birkiani, tuż obok wioski Dżokolo, w której mieszkała Lara z synami.

Na pogrzeb jednego z pasterzy zabitych w rosyjskich nalotach przyjechał z Tbilisi sam gruziński prezydent. Na wieść o tym na nabożeństwo żałobne odprawione w niewielkiej cerkwi w gruzińskiej wiosce Matani zjechało z tysiąc ludzi. Przybyli także Kistowie, choć już od dawna, mając na względzie młodych z nowego meczetu, nie przychodzili do Gruzinów do cerkwi, tak jak nie przychodzili do nich na wesela, chrzciny i stypy. Cała dolina chciała zobaczyć na własne oczy prezydenta i usłyszeć, co powie.

Powiedział, że bomby zrzucili Rosjanie, a robiąc to, złamali wszelkie prawa i obyczaje. Że codziennie dostaje z całego świata listy od królów, prezydentów i premierów, którzy wyrażają swoje współczucie, oburzenie i wsparcie. Poprosił mieszkańców doliny, aby byli silni i nie upadali na duchu, a wszystkich Czeczenów, którzy się schronili przed wojną w ich kraju, wezwał do powrotu do domu. Mogą zostawić w dolinie swoich starców, kobiety i dzieci, a także chorych i rannych. Wszystkim okaże się pomoc. Ale mężczyźni powinni wracać.

Wszyscy w cerkwi, nie wyłączając pewnie i samego prezydenta, wiedzieli doskonale, że partyzanci i tak zrobią, co będą chcieli, nie posłuchają i nie przestraszą się gruzińskiej władzy. Nie przestraszy się jej również Rosja, choć prezydent zagroził, że jeśli jeszcze raz ośmieli się zaatakować gruzińską ziemię, gorzko tego pożałuje, bo Gruzini odpłacą jej pięknym za nadobne. Na te słowa żałobnicy w cerkwi tylko się smutno uśmiechnęli.

W odpowiedzi rosyjski prezydent i jego generałowie zarzucili gruzińskiemu przywódcy, że nie panuje nawet nad własną stolicą, a w jego państwie jest bezhołowie. I jeśli sam nie potrafi zaprowadzić porządku w kraju i pozbyć się z niego nieproszonych gości, Czeczenów, Rosja pośle na gruzińską stronę nie tylko samoloty i śmigłowce, ale i piechotę. No, chyba że sam zaprosił Czeczenów do siebie. Znaczyłoby to jednak, że ukrywa i wspiera banitów i zbrodniarzy, zagrażających nie tylko Rosji, ale całemu światu. Pomagając złoczyńcom, sam się jednym z nich stanie.

Na świecie wiele się bowiem zmieniło od czasu, gdy Czeczeni przegrali wojnę z Rosjanami i schronili się w dolinie Kistów, po gruzińskiej stronie granicy. Wtedy mogli jeszcze liczyć na współczucie i życzliwość Europy i Ameryki. Stracili je, gdy wyznawcy świętej wojny uprowadzili pasażerskie samoloty i przypuścili straceńcze ataki na Nowy Jork i Waszyngton. W odwecie Zachód poprzysiągł dżihadystom wojnę na śmierć i życie. „Kto nie z nami, ten przeciwko nam" – ogłosił amerykański prezydent. Rosja zaraz stanęła po jego stronie, a czeczeńskich partyzantów, swoich wrogów, okrzyknęła dżihadystami i zbrodniarzami gorszymi od straceńców Osamy ibn Ladina. Skoro Amerykanie przyznawali sobie prawo, by ścigać i zwalczać swoich wrogów w każdym zakątku świata, Rosjanie nie widzieli powodu, by i oni własnych nieprzyjaciół nie mogli zwalczać w taki sam sposób.

Po zachodniej stronie chcieli być także Gruzini, wierząc, że kiedy już zostaną zaliczeni do Europejczyków, nie będą musieli dłużej bać się zaborczych Rosjan, uważających ich za swoich poddanych. Chcieli żyć na zachodnią modłę, po europejsku, także dlatego, że takie życie wydawało się lepsze, pewniejsze, dostatnie i pozbawione trosk. O takim życiu dla swoich synów marzyła także Lara. Nawet w Gruzji było to marzenie ściętej głowy, zaś w dolinie wydawało się wprost nie na miejscu. Aby bowiem pukanie do europejskich drzwi zostało usłyszane, Gruzini musieli się wpierw pozbyć partyzantów, którzy rozłożyli obozowiska w dolinie Kistów. Czekała ich więc raczej wojna niż przemiana w Europejczyków. I wyglądało na to, że nie da się jej uniknąć, bo zabezpieczając się przed wkroczeniem wojsk rosyjskich, Gruzini zaprosili do siebie żołnierzy z Ameryki, by im pomogli zaprowadzić porządek w dolinie Pankisi.

Na wojnę szykowali się także partyzanci. Wysłannicy gruzińskiego prezydenta, którzy przybyli do Pankisi, przestrzegli, że jeśli partyzanci nie wyniosą się sami, Gruzini wraz z Amerykanami będą musieli usunąć ich siłą. Partyzancki emir Gełajew zgodził się odejść z doliny, a w podzięce za gościnę obiecał, że zanim z oddziałem przeprawi się na drugą stronę gór, powędruje do Abchazji, żeby rozgromić tamtejszych rebeliantów, których kiedyś w buncie przeciwko Gruzinom wspierał.

Czeczeni potrzebowali przewodników, którzy poprowadziliby ich bezpiecznie przez góry. Wiodło przez nie sto górskich ścieżek, pasterskich i przemytniczych szlaków. Nikt na całym Kaukazie nie znał ich lepiej niż żyjący w górach i z gór Kistowie. Inni dawno poschodzili na niziny, gdzie żyło się wygodniej i łatwiej. Góry znali już tylko z opowieści.

Do partyzantki, na przewodników, zaciągnęli się obaj bracia Lary, a jej obecność w dolinie bardzo im tę decyzję ułatwiła. Kiedy ich siostry powychodziły za mąż i wyniosły się z domu, na braci spadł obowiązek troski o rodzinny dom i rodziców. Gdyby Lara nie wróciła do Dżokolo, obaj nie mogliby pójść do partyzantki, jeden musiałby pozostać w domu. Zwolnieni z odpowiedzialności za los innych, przygotowywali się do wyprawy w góry. Szykowali konie, juki, namioty, śpiwory, prowiant. Wychodzili o świcie, wracali dopiero na kolację.

– Następnym razem pójdę z wami – zapowiedział któregoś dnia Szamil. Szedł mu piętnasty rok i uważał się za dorosłego.

– Obowiązkowo – roześmieli się bracia.

Przysłuchując się ich rozmowie przy stole, Lara uświadomiła sobie, że jeśli zostanie z dziećmi w dolinie, nie spostrzeże się nawet, gdy jej starszy syn, już pełnoletni, postanowi zaciągnąć się do partyzantki. I nic na to nie poradzi, nie będzie w stanie go powstrzymać. Widziała, jak ciągnie go do partyzantów. Podobnie jak wszystkich chłopaków w dolinie. Włóczyli się za nimi, naśladowali ich sposób mówienia, zachowania, ubiór, a starsi próbowali nawet zapuszczać brody. Przypomniała sobie słowa ojca. „Ani się spostrzeżesz, jak ci chłopaków całkiem na partyzantów przerobią, na Arabów. Zabiorą w świat, na wojnę i dostaniesz ich z powrotem, dopiero jak trzeba będzie ich na tamten świat wyprawiać. Dopiero wtedy znowu ich zobaczysz".

Kiedy o tym mówiła, miałem wrażenie, że wraca pamięcią do najtrudniejszych chwil życia, czasu najważniejszych wyborów, kiedy nic, nawet największy wysiłek myśli nie daje pewności, że się postąpi właściwie. Zwłaszcza kiedy wybiera się jedynie spośród złych i gorszych rozwiązań.

– Ja nie jestem z tych, co się poddają, ale wtedy stanęło mi przed oczami, że za chwilę życie wymknie mi się z rąk, a ja nic na to nie będę mogła poradzić. – Westchnęła ciężko na wspomnienie tamtej słabości. – Tak mi się w środku jakoś mdło zrobiło, poczułam, jak mnie siły całkiem opuszczają. Ale powiadają, że jak człowiek nie daje za wygraną, to i los mu sprzyja. I jak w to nie wierzyć?

Odezwał się mąż, o którym od wybuchu wojny nie miała żadnych wieści. Był w Inguszetii, a nowiny przesyłał przez znajomego, który wybierał się do Gruzji. Kazał przekazać Larze, że wyjechał z Groznego, kiedy uliczne walki dotarły do śródmieścia. Kilka miesięcy spędził w obozie uchodźców w Inguszetii, a potem przez Białoruś i Polskę przedostał się na zachód Europy. Żył tam od czterech lat, urządził się, nic wielkiego, ale nie może narzekać. Na Kaukaz przyjechał, żeby zobaczyć, co się stało z ich mieszkaniem i domem rodziców. I odwiedzić ich grób. Nie przeżyli wojny, ale nie zginęli od kul ani od bomb. Aż dziw, ale obydwoje pomarli naturalną śmiercią. Z mieszkania, w którym żyli z Larą w Groznym, nic nie zostało. Żeby tam z mieszkania! Nic nie ocalało, żaden z wieżowców, żaden z domów stojących kiedyś wokół placu Minutka. Jedno wielkie gruzowisko, trudno się nawet połapać, gdzie co było. Nie ma do czego wracać.

Kazał jej powiedzieć, że jeszcze tydzień, dwa zejdzie mu na załatwianiu spraw, a potem wyjeżdża do Europy. Z całą rodziną, pół setki ludzi. I że chciałby zabrać ze sobą synów. Jeśli oczywiście Lara się temu nie sprzeciwi. W Europie, tam gdzie teraz mieszka, będą mieli lepsze życie i lepszą przyszłość. Lepsze w każdym razie niż na Kaukazie, gdzie wojny wciąż wybuchają, jakby się jedna zapalała od drugiej, końca nie widać. Nie pytał, czy Lara wyjedzie z nim do Europy, ani tego nie proponował. Rozumiała. Nie mogłaby zresztą nigdzie wyjechać z doliny. Musiała w niej pozostać, zająć się starzejącymi się rodzicami, nie wolno jej było zostawić ich samych. Oni zaś za nic nie zgodziliby się wyjechać z doliny.

Bez wahania przystała na oddanie dzieci. W końcu powierzała je ojcu, nie komuś obcemu. Nie pomyślała nawet, żeby spytać synów, czy chcą jechać. Ustalili z mężem, że chłopców zawiezie do Inguszetii inny jego znajomy, który wybierał się do Gruzji w interesach. W drodze powrotnej wstąpi po nich do doliny. Całą resztę, wszystkie formalności i koszty brał na siebie ich ojciec. Obiecał zadzwonić, jak tylko dotrą na miejsce, do domu, do Europy.

Lara nie wahała się oddać synów, bo nasłuchała się o Europie od czeczeńskich uciekinierów, którzy osiedli w dolinie. Mówili o niej jak o ziemi obiecanej, krainie wszelkiej szczęśliwości, miodem i mlekiem płynącej. Słuchając ich, czuła się nawet trochę urażona, bo wyglądało, jakby wybrzydzali na to, że zostali przygarnięci w dolinie, że nie była dla nich wystarczająco dobra, i zazdrościli tym, którym udało się dotrzeć do Europy.

– Opowiadali, że w Europie wszyscy popierają Czeczenów, że im współczują i chcą pomagać. Że każdy, kto przyjedzie do Europy, dostaje europejski paszport, pracę, czyste mieszkanie, a dzieci idą do szkoły. I wszystko bezpłatnie.

Słysząc te opowieści, Lara sama zaczynała się zastanawiać, czy dobrze zrobiła, zabierając dzieci do doliny, nad Alazani. Może powinna była chociaż na jakiś czas zatrzymać się w obozie uchodźców w Inguszetii, zorientować w możliwościach podróży na Zachód, do Europy. Ale wtedy rodzinny dom wydawał jej się miejscem najpewniejszym i najlepszym pod słońcem.

– Może jeszcze kawy? – odezwał się głos tuż koło nas. Lara drgnęła gwałtownie i potrąciła dłonią kartonowy kubek po herbacie. Obok stolika stał chłopak w służbowym kombinezonie i furażerce.

– Przestraszyłem panią – powiedział skruszonym głosem. – Pytam, bo kawa jest za darmo jeszcze tylko przez pięć minut. Koniec pory śniadaniowej…

Stał przy stoliku zakłopotany naszym milczeniem. Lara patrzyła na niego nieobecnym wzrokiem, mrużąc oczy. Nie podniosła przewróconego kubka, może nie zauważyła, że potoczył się ku krawędzi stołu, albo było jej to obojętne.

– To znaczy, zaraz zaczniemy podawać zwykłe dania z karty – powiedział chłopak. – Hamburgery… Wiem, że wielu klientów przychodzi przede wszystkim na hamburgery – ciągnął coraz bardziej speszony. – Można już zabrać ten kubek?

Lara zamrugała powiekami, jakby nie rozumiała, o co pyta. Poprosiła o jeszcze jedną herbatę.

– Bardziej opłaca się zamówić ją w zestawie dań – podpowiedział chłopak. – Znacznie taniej wychodzi.

Odmówiła, więc odszedł, ociągając się. Może intrygowało go, że siedzimy tu tyle godzin, chociaż taki widok nie powinien przecież dziwić, nie był czymś niezwykłym w McDonald'sie – ludzie przychodzili, siadali przy stolikach i już tak zostawali na wiele godzin.

Lara poprawiła chustkę na głowie i ten gest jakby przywrócił jej poczucie rzeczywistości. Ale ja przez chwilę zastanawiałem się, gdzie jest teraz dla niej ten prawdziwy świat.

– Czasem biję się z myślami: czy dobra matka powinna oddawać dzieci? Choćby ich własnemu ojcu. Ale chciałam dla nich czegoś lepszego, a nie wyglądało, żeby się tego mieli doczekać w dolinie. – Znowu poprawiła chustkę. – Przecież ludzie chcą dla dzieci lepszego. W Pankisi naśladowaliśmy Gruzinów, bo uważaliśmy ich za lepszych od siebie. Nawet wino z nimi piliśmy, bo skoro oni tak robili, to znaczy, że to lepsze życie i na tym także polegało. A synów umyśliłam sobie wyszykować na Europejczyków.

Z wybiciem południa restauracja McDonald's zaczęła się zapełniać. Przy sąsiednim, ostatnim wolnym stoliku usiadł chłopak wyglądający na studenta. Rozłożył przenośny komputer i mieszał cukier w kawie w kartonowym kubku.

– Chciałam, żeby żyli w świecie, gdzie jest czysto i ładnie, ludzie są dla siebie grzeczni i uprzejmi, niczego nie brakuje, a co zamówisz, to ci jeszcze pod nos przyniosą. Tak jak tutaj – powiedziała, pokazując wzrokiem restauracyjną salę.

Na ekranie komputera przy sąsiednim stoliku pojawiła się twarz dziewczyny, a chłopak wcisnął do uszu słuchawki i wpatrując się w monitor, zaczął coś mówić. Lara, zamyślona, patrzyła na niego dłuższą chwilę.

– Tak właśnie rozmawialiśmy, ja i dzieci – westchnęła. – Kto by przypuszczał, że to się tak skończy... Sama nie wiem – powiedziała. – Niby postąpiłam dobrze, a to się tak skończyło...

Nie była to właściwie odpowiedź na moje pytanie. Pytałem, jak synowie odnaleźli się w nowym domu i czy trudno było im przestawić się z życia kaukaskiego na europejskie. Musieli się przecież czuć zagubieni, znów zmieniając przyzwyczajenia, ucząc się nowych miejsc, ludzi, rytmu, w jakim przemijał tam czas. I nowego języka, żeby rozumieć, co się wokół nich dzieje.

– Gdybym mogła cofnąć czas, czy postąpiłabym inaczej? – powiedziała Lara, jakby nie słyszała pytania. – Chyba nie. Nie było innego wyjścia. Tu by się tylko zmarnowali.

Nie czuła rozterek, gdy żegnała się z synami i popędzała ich, żeby wsiadali już do samochodu, który miał ich zawieźć do ojca. Chciała, żeby już wyjechali, im prędzej, tym lepiej, żeby się nie zdążyła poddać rozpaczy.

Była pewna swego i spokojna, nawet kiedy do doliny dotarły wieści, że partyzanci Gełajewa, którzy wyruszyli do Abchazji, zostali rozbici. Mówiono, że działając z zaskoczenia, zamierzali zająć abchaską stolicę Suchumi, a nawet pobliskie Soczi, leżące już w Rosji, i w ten sposób, szantażem, wymusić na Kremlu rozejm i wycofanie wojsk z Czeczenii. A gdyby się nie udało zdobyć żadnego miasta, z Abchazji, przez góry Kabardyjczyków i Czerkiesów, chcieli przeprawić się do Czeczenii. Wybrali dłuższą, okrężną drogę, przez gruzińskie Raczę i Swanetię, bo spodziewali się, że na tej krótszej, wiodącej prosto przez góry, czekać będą na nich Rosjanie. Okazało się, że czekali także u wejścia do wąwozu rzeki Kodori, którym oni zamierzali zejść z gór i przekraść się pod samo Suchumi. W kilkudniowych walkach nad rzeką Gełajew stracił tylu ludzi, że nakazał odwrót. Partyzanci próbowali się przebić przez pierścień oblężenia, przedostać na przełęcz wiodącą w wysokie góry, gdzie mogliby umknąć pogoni. Tylko niewielu udało się wyrwać z potrzasku. Na górskim zboczu nad Kodori zginęli obaj bracia Lary. Partyzanci pochowali ich wraz z innymi poległymi we wspólnej mogile w lesie. Nie mogli dźwigać trupów przez góry. Oznaczyli dobrze miejsce pochówku, żeby krewni mogli przenieść szczątki bliskich na rodzinne cmentarze.

Wiadomość o śmierci braci przyniósł Larze Omar. Wyleczył się z ran, wydobrzał, nie na tyle jednak, żeby wyruszyć z oddziałem

Gełajewa. Został w dolinie. Nie potrzebował już opieki i Lara nie zachodziła nawet do jego izby urządzonej na werandzie. Zresztą odkąd poczuł się silniejszy, spędzał w niej coraz mniej czasu, wychodził rano, wracał wieczorem, nie chciał nawet kolacji. Nie pytała, co robi całymi dniami, z kim się spotyka, nie jej sprawa. Sądziła, że widuje się z rannymi i chorymi partyzantami pozostawionymi przez Gełajewa w dolinie. Nie mogli z nim wyruszyć w góry, ale utrzymywali kontakt z towarzyszami, którzy wyprawili się w drogę.

– Mam złe wiadomości – powiedział któregoś wieczora. Tego dnia przyszedł do domu później niż zwykle. – Twoi bracia zginęli. Obaj.

Nie zapytała nawet, czy to pewne. Nic nie powiedziała. Oparła się o kuchenny stół, bo nagły, przeszywający ból odebrał jej całkiem siły.

– To pewna wiadomość – dodał Omar.

A odchodząc na werandę, odwrócił się i powiedział jeszcze:

– Dobrze zrobiłaś, żeś stąd synów odesłała.

– Dziękuję – odparła cicho, pewnie nie słyszał.

Nie potrzebowała potwierdzenia wiadomości o śmierci braci. Od dawna ją przeczuwała, już wtedy, gdy oznajmili przy kolacji, że idą z Gełajewem, przeprowadzą partyzantów przez góry. Już wtedy coś jej mówiło, że jeśli rzeczywiście pójdą do partyzantki, nie wrócą do domu. Wydawało się to nieuniknione.

Kiedy Omar powiedział jej, że zginęli, poczuła ból, ale też spokój, jaki daje dopełnienie tego, co przeznaczone, poczucie, że najgorsze, nieracjonalne obawy znalazły potwierdzenie, nie omyliła się. A skoro tak, to może nie pomyliła się też, odsyłając synów do Europy.

– Musiało być im ciężko, przynajmniej na początku? – zapytałem. – To jednak spory przeskok. Wczoraj Kaukaz, dziś Alpy.

Lara gładziła brzeg chustki na skroni.

– Kiedy zginęli bracia, poczułam, że to samo stałoby się z moimi chłopcami. Omar powiedział, że dobrze zrobiłam.

Nie wiedziała, jak o śmierci braci powiadomić rodziców. Jak powiedzieć matce, że straciła obu synów? Jak powiedzieć ojcu? Czuła, jak narasta w niej gniew. Utrata jednego dziecka wydawała się już nieszczęściem nie do zniesienia, dlaczego musieli zginąć obaj? Myślała, czy nie poczekać z tym, aż oddział Gełajewa wróci do doliny, wszystko się wyjaśni. Ale zanim cokolwiek postanowiła, rodzice dowiedzieli się o wszystkim. Matka płakała potem w kuchni, a ojciec zamknął się w pokoju i do nikogo się nie odzywał.

Żaden z partyzantów, którzy wrócili do doliny, nie potrafił powiedzieć, jak zginęli bracia Lary. Nikogo przy tym nie było, nikt z tych, co przeżyli, nie widział ich śmierci. Jeden z miejscowych Kistów, którzy przyłączyli się do oddziału, twierdził jednak, że rozpoznał ciała. Zapamiętał też miejsce, gdzie ich pochowano wraz z innymi, i zapewniał, że z łatwością potrafiłby tam trafić, gdyby zaszła taka potrzeba.

– Więc mówię sobie, że dobrze zrobiłam – powtórzyła Lara. – Sama nie mogłam jechać do Europy, a po śmierci braci tym bardziej. Ale przecież nie żegnałam synów na zawsze. Myślałam, że wyjeżdżają tylko na jakiś czas i wrócą, jak się wszystko ułoży. Zresztą nie o mnie tu szło. Tylko ich dobro miałam na względzie. I gdyby się miało okazać, że tam będzie im lepiej, tobym się tylko cieszyła ich szczęściem i pogodziła z rozłąką. Jeździłabym do nich w odwiedziny, w domu pomóc, nacieszyć się wnukami. A i oni wiedzieliby przecież, że póki żyję, zawsze będą i tu mieli swój dom.

Wątpliwości opadły ją, gdy partyzanci na dobre wynieśli się z doliny. Ubłagała ich w końcu starszyzna Kistów. „Gruzini mówią, że ciśnie na nich i Rosja, i Amerykanie i że jak nie z jednymi, to z drugimi w końcu przyjdą do nas z wojną, bo nie będą mieli innego wyjścia – tłumaczyli starcy. – Pomogliśmy wam jak braciom, kiedyście byli w potrzebie. Pomóżcie i wy nam, jeśli nie życzycie nam zguby. Jeśli przyjdą tu z wojną, stracimy nasze wsie i nasze domy, które i wam nie posłużą więcej za schronienie".

Gełajew i tak musiał wracać w góry. Zwłaszcza po nieudanej wyprawie wojennej do wąwozu Kodori. Jego towarzysze broni z partyzantki, a zarazem jego rywale, od dawna wyrzucali mu, że zamiast bić się z Rosjanami, gnuśnieje wraz ze swoimi partyzantami w gruzińskiej dolinie, że jego bezczynne wojsko marnieje, a on sam stracił serce do walki i nie jest już tym samym nieustraszonym wojownikiem co kiedyś.

Żeby nie szkodzić swoim gospodarzom i dobrodziejom, a także po to, by odzyskać partyzancką sławę, Gełajew zebrał oddział i poprowadził w góry. Nigdy go już w dolinie nie widziano, chociaż zostawił w niej nową żonę i dwóch synów, których mu urodziła. Pierwszą zostawił na Syberii, gdzie żył długie lata przed wojną. Nie dołączyła do niego, gdy zdecydował się wrócić na Kaukaz. Drugą żonę wybrał sobie spośród dziewcząt w dolinie Pankisi, co sprawiło, że rozkochani w nim Kistowie zaczęli uważać go za swojego brata i przywódcę.

Przed wyruszeniem w góry odesłał jeszcze za granicę najstarszego syna, Rustama, który uciekł od matki Rosjanki, by żyć z ojcem na Kaukazie i walczyć w jego oddziale. Ale teraz, wyruszając na wojnę, Gełajew wyprawił go na studia do muzułmańskiej akademii w Kairze. Lara zamierzała o tym powiedzieć synom, gdyby nie spodobało się im w Europie i mieli do niej żal, że ich odesłała z domu. „Rustam, wasz szkolny kolega, też wyjechał za granicę – odpowiedziałaby. – Skoro sam emir go tam posłał, jak ja was posłałam do Europy, to znaczy, że tak właśnie było trzeba".

Wkrótce po wyjeździe partyzantów z doliny zniknęli także czeczeńscy uchodźcy. Wielu zdecydowało się wracać na drugą stronę gór, do kraju. „Wojna, nie wojna, człowiek powinien być tam, gdzie jego dom, tam jest jego miejsce" – mówili. Partyzanci, którzy chwytając za broń, odcięli sobie powrotną drogę do kraju, mówili coś innego. „Tam gdzie my, tam nasz dom". Lara nieraz słyszała, jak to powtarzali, i zawsze odnosiła wrażenie, że sami nie wierzą we własne słowa i że w ten sposób próbują jedynie przysłonić obraz życiowej klęski.

Podobnie jak partyzanci musieli myśleć też ci Czeczeni, którzy postanowili porzucić Kaukaz i rodzinne strony i wyjechać w świat. Do Europy i Ameryki, do Turcji, Syrii, Jordanii, Egiptu. Sto lat wcześniej w podobną wędrówkę wyruszyli Czerkiesi, sąsiedzi Czeczenów. Też podnieśli bunt przeciwko Rosji, a ona rozprawiła się z rebelią tak samo bezlitośnie i krwawo, pozostawiając do wyboru wyjazd na obczyznę albo niewolę. Czerkiesi przeprawiający się przez Morze Czarne do Turcji musieli żegnać się z kuzynami i sąsiadami tak samo jak Czeczeni wyruszający z doliny Pankisi w cztery strony świata. Życzyli sobie na drogę rychłego zobaczenia, ale w duchu wiedzieli, że wyjeżdżają na zawsze, nigdy już nie wrócą i ich drogi nigdy się nie zejdą. Czerkiesów wyjechało tak wielu, że na Kaukazie została ich ledwie garstka, a żyjąc w Rosji i jak Rosjanie, sami z czasem zaczęli ich przypominać. Taki sam los czekał zresztą tych, którzy zdecydowali się na wyjazd za granicę. Ci, co osiedlali się w Europie, upodabniali się do Europejczyków, a ci, którzy wybierali życie w Turcji lub na Bliskim Wschodzie, stawali się Turkami i Arabami.

Lara wierzyła, że z jej synami będzie inaczej i dokądkolwiek rzuci ich los, znajdą nowy, dobry dom, ale nie zapomną o starym, w którym wyrośli i do którego zawsze będą mogli wrócić. Miała też nadzieję, że życie pośród obcych nie odmieni jej synów tak bardzo jak Czerkiesów, że ona nie przestanie ich rozumieć i nie stanie się dla nich kimś obcym.

Po wyjeździe Czeczenów dolina Pankisi opustoszała, zdawało się, że w ogóle nie ma w niej ludzi. Do wsi wrócił zapomniany dawno spokój, a cisza, która nagle zapadła, była tak głęboka, że we wsi – zdawało się – słychać było, jak szeleszczą drzewa porastające dalekie górskie zbocza. Jak zdmuchnięty wiatrem dym z ogniska rozwiała się niedawna gorączkowa nerwowość, rozedrgane życie zwolniło, wróciło w dawne koryto. Jak rzeka Alazani, która wiosną występowała z brzegów i groźnie grzmiąc, spadała z gór w kachetyjskie doliny, a pozbywszy się nadmiaru wody, płynęła swoim nurtem i tempem, niespiesznie, zakolami.

Niespodziewany wyjazd partyzantów i uchodźców z doliny, a przede wszystkim nieruchomy spokój, jaki wtedy zapanował, sprawiły, że czekającą na wiadomości od synów Larę ogarnęły nowe rozterki.

– Tutaj nigdy nie było dla młodych nic do roboty, żadnego zajęcia, przyszłości żadnej. Nigdy się tu nic nie działo. Jednym to nie przeszkadza, a nawet, jak ja, ciągną za tym spokojem, ciszą i takim poczuciem, że ma się czas tylko dla siebie i on nie przecieka przez palce. Ale młodzi tego nie lubią, oni czasu nie liczą, jeszcze się im wydaje, że mają go aż nadto. Przed nimi świata nie wolno zamykać. Oni potrzebują wielkich marzeń, przestrzeni, powietrza. Nie wolno im tego odbierać, po co mają od razu wiedzieć, że w ich życiu nic wielkiego ani ważnego nie musi się wydarzyć, że zejdzie im ono na niczym, jak ich rodzicom i dziadkom.

Wcale nie będą od nich lepsi. Tego młodym nie powinno się robić, lepiej żeby się sami przekonali.

Wiedziała, że musi być cierpliwa, bo minie wiele dni, a może tygodni, zanim synowie dotrą na miejsce, znajdą dach nad głową, rozgoszczą się w tej Europie. Nie sądziła, że będzie musiała czekać pięć lat, prawie dwa tysiące dni.

Z początku brak wiadomości nie wzbudzał w niej niepokoju. Europa, do której jechali, jawiła się Larze jako bezpieczna oaza, gdzie wystarczy dotrzeć, by uwolnić się od wszystkich kłopotów i trosk. Nie martwiła się, że synów spotka w niej coś złego, lecz że nie zostaną do niej wpuszczeni. Dochodziły ją bowiem słuchy, że wbrew nadziejom Czeczenów i ich opowieściom o tym, jak miłymi i wyczekiwanymi gośćmi są w europejskich stolicach, coraz częściej odsyła się ich znad granicy tam, skąd przyszli. A szczęśliwców, którym udało się przedostać na drugą stronę, nie zaprasza się do nowiuteńkich, kolorowych, specjalnie dla nich budowanych domów i mieszkań, lecz do obozów przejściowych, gdzie żyją pod strażą w barakach przypominających więzienie. Poddaje się ich żmudnym przesłuchaniom, które mają wykazać, czy przybysze zasługują na to, by stać się Europejczykami, czy nie są zbrodniarzami lub wywrotowcami pragnącymi przedostać się do Europy jedynie po to, by ją zniszczyć. Lara nie pojmowała, jak ktoś mógłby pragnąć unicestwić coś, o czym mówiono, że jest niemal doskonałością. Rozumiała potrzebę sprawdzenia wszystkich, by wśród przyjezdnych nie skrył się szaleniec owładnięty niszczycielską żądzą, zrodzoną z zazdrości czy nienawiści. Martwiła się tylko, żeby podczas weryfikacji nie doszło do jakiejś pomyłki, za którą zapłacą jej synowie, by nie zostali uznani za niegodnych Europy albo, uchowaj Boże, za jej wrogów. Tego jednego tak naprawdę się bała.

Kamień spadł jej z serca, gdy dowiedziała się, że przepuszczono ich przez granicę i są gdzieś w Europie. Dowiedziała się tego od krewnych męża, którzy mieszkali w Inguszetii. Też zamierzali ruszyć w drogę, a zbierając przed podróżą wiadomości, porady i przestrogi, starali się utrzymywać kontakt ze wszystkimi, którzy już ją przebyli. Przekazywali sobie nowiny przez przyjaciół i przygodnych znajomych, od czasu do czasu dzwonili. Przez znajomych przekazali Larze wiadomość, że jej mąż i synowie wylądowali w Alpach, są bezpieczni i mają się dobrze.

Lara nie wiedziała nawet, jak ich szukać, nie znała adresu ani numeru telefonu. Nie miała aparatu, na który oni mogliby do niej zadzwonić. A kiedy w końcu zebrała pieniądze i kupiła telefon, nowy, przenośny, tak mały, że mieścił się w kieszeni, nie miała jak o tym powiadomić synów. Pozostało jej tylko czekać. W myślach układała sobie ich pierwszą rozmowę.

Aż któregoś dnia na rynku w Duisi zaczepił ją nieznajomy chłopak i powiedział, że poprzedniego dnia rozmawiał z Szamilem. Stanęła jak wryta. Chłopak mówił, że przyjaźnią się z Szamilem od dawna, chodzili razem do szkoły, uczyli się arabskiego w nowym meczecie. Nawiązali kontakt niedawno, przez internet. Najpierw tylko pisywali do siebie za pomocą elektronicznej poczty, ale w zeszłym tygodniu za radą Szamila zamontował sobie w komputerze maleńką kamerę i od paru dni nie tylko ze sobą wieczorami rozmawiają, ale widzą się na ekranach swoich komputerów. Wczoraj Szamil poprosił go, żeby odszukał jego matkę i powiedział, że z nią także chciałby w ten sposób porozmawiać. Chłopak mówił, że jeśli Lara ma w domu komputer, to wystarczy zainstalować odpowiedni program i kupić w Telawi kamerkę. Obiecał, że we wszystkim pomoże.

Lara nie miała w domu komputera. Ani go nie potrzebowała, ani nie było jej stać na taki zbytek. Chłopak zaproponował, że może przyjść wieczorem do ich domu i nawiązać z synem łączność za pomocą jego komputera. Podziękowała, nie chciała rozmawiać z synami przy obcych, przynajmniej nie ten pierwszy raz po pięciu latach rozłąki.

– To jego adres. – Wyciągnął z kieszeni kartkę z wypisanym wyraźnie łańcuszkiem liter. – Prosił, żeby dać. Wystarczy podłączyć kamerę, wpisać adres i można rozmawiać. Jakby się siedziało przy jednym stole, naprzeciwko siebie. Dotknąć się tylko nie można.

Choć po zrobieniu sprawunków na targowisku miała jeszcze załatwić parę spraw w urzędzie w Duisi, prosto z rynku wróciła do Dżokolo i zaraz zaczęła rozpytywać, kto we wsi ma komputer. Mieli w dwóch obejściach, z których jedno leżało niedaleko domu Lary. Gospodarze zgodzili się, żeby przyszła wieczorem i skorzystała z ich komputera, aby porozmawiać z synami. A widząc jej bezradną minę, córka gospodarzy, nastolatka, obiecała, że wszystko pokaże i we wszystkim pomoże.

Było już ciemno, kiedy wyszła z domu, żeby po raz pierwszy od pięciu lat usłyszeć i zobaczyć swoich synów. Szamil miał już dwadzieścia lat. Kiedy widziała go po raz ostatni, był hardym, zbuntowanym podrostkiem. Teraz był już dorosłym mężczyzną. A Raszid! Kiedy wyjeżdżał, był dzieckiem. Czy rozpozna je w siedemnastolatku?

Dziewczyna usadziła ją przed komputerem i wystukała na klawiaturze zaklęcie, które miało sprowadzić synów Lary.

– Kiedy się pokażą na ekranie, proszę po prostu mówić – powiedziała, a wychodząc z izby, zamknęła za sobą drzwi. – I można rozmawiać tak długo, jak się chce. Wszystko bezpłatnie.

Lara usiadła przed komputerem, wpatrując się w wielobarwny ekran. Czuła, jak szumi jej w głowie, a w myśli wkrada się zamęt. Serce waliło jej jak werbel, czuła, że brakuje jej tchu, że udusi ją kolejna fala pulsującego w niej gorąca. „Szamil, dwadzieścia lat, Raszid siedemnaście, Szamil dwadzieścia" – powtarzała w kółko, zerkając na przycisk na klawiaturze, którego miała dotknąć, gdy po drugiej stronie odezwą się synowie. Wiedziała, że pierwszy będzie Szamil. „Szamil, dwadzieścia lat, dorosły mężczyzna…"

Tęsknota i radość walczyły w niej ze strachem przed czymś niewiadomym, co miało za chwilę nastąpić i czego skutków nie sposób było przewidzieć. Nie mogła się doczekać, kiedy ujrzy na ekranie twarze swoich synów i zacznie z nimi rozmawiać, a za chwilę oblewała ją omdlewająca, mdła niepewność, lęk, że nie jest gotowa do spotkania, że to wszystko dzieje się zbyt nagle. Gdyby wtedy połączenie zostało zerwane, z ulgą uciekłaby do domu, obiecując sobie, że przyjdzie nazajutrz, odważniejsza, i będzie wiedziała, co powiedzieć.

Czekała ósmą minutę, gdy na ekranie pojawiła się twarz brodatego mężczyzny, który niepewnie się do niej uśmiechnął.

– Mamo, jesteś tam? – usłyszała. – Poznajesz? To ja, Szamil.

Nie mogła powstrzymać łez.

– Mamo? Ty płaczesz? Wszystko jest w najlepszym porządku. Jak się czujesz? Raszid też jest tutaj. Widzisz go?

Tego wieczora, choć spędzili ze sobą ponad półtorej godziny, raczej przyglądali się sobie, niż rozmawiali. I o co pytać, skoro tak wiele się wydarzyło, tak wiele pozmieniało.

– Boże mój! To naprawdę wy jesteście? Tak żeście wydorośleli! Na ulicy przeszłabym obok was i nawet bym nie poznała, że rodzonych synów minęłam.

– A ty się wcale nie zmieniłaś. Jakby to tydzień, a nie pięć lat upłynęło.

Patrzyli na siebie, wzruszeni, ale i skrępowani, zawstydzeni obcością, jaka między nimi wyrosła. Lecz z każdą minutą, z każdym słowem, oswajali się ze sobą i rozmowa, z początku szarpana i sztywna, zaczęła się układać. Szamil, jak to on, starał się zachować uprzejmą obojętność, nie okazać uczuć, nie zdradzić się z tęsknotą. Ale po głosie poznała, jak bardzo jest przejęty i zadowolony. Za to Raszid nie ukrywał zachwytu.

– Tylko nowego języka musieliśmy się znowu nauczyć, bo tu wszyscy mówią po niemiecku, a my nic nie rozumieliśmy. – Wyrzucał z siebie słowa tak szybko, jakby się bał, że nie zdąży powiedzieć wszystkiego, co wydało mu się ważne.

– Gruzińskiego też na początku nie rozumieliście, a jednak się nauczyliście – powiedziała.

– Ale to było trudne – narzekał.

– Arabski jeszcze trudniejszy, a żeście się nauczyli.

Zwłaszcza Szamil zawsze zadziwiał wszystkich wrażliwym słuchem i łatwością, z jaką przyswajał sobie obce języki, wyczuciem zarówno ich istoty, jak osobliwości. Wystarczyło, że posiedział dłuższą chwilę w obecności cudzoziemca, by zdumiewająco dobrze go naśladować. „Muzyk z niego wyrośnie" – przepowiadali nauczyciele w szkole w Groznym. W dolinie potrzebował paru miesięcy, żeby podczas modłów i lekcji w nowym meczecie w Duisi opanować arabski. W nagrodę za postępy w nauce imam podarował mu księgę Koranu, którą Szamil czytał w domu wieczorami na głos, ucząc się na pamięć wersetów i sur. „Mułłą chcesz zostać?" – zaczepiali go czasami bracia Lary, a chłopiec odpowiadał z powagą, że obowiązkiem każdego muzułmanina jest znać słowo Boże objawione Prorokowi. I to tak, jak zostało ono spisane, po arabsku, gdyż każda próba przekładania go na obce języki jest obrazoburczym świętokradztwem.

Teraz znał już z pół tuzina obcych języków. Wyjeżdżając z doliny, mówił po czeczeńsku, gruzińsku, rosyjsku i arabsku. W Europie nauczył się niemieckiego, francuskiego i tureckiego i zabierał się właśnie do angielskiego. Ciągnęło go w świat, a sama możliwość rozmowy w obcym języku dawała złudzenie podróży, wcielania się w inne postacie. Lara myślała, że tę skłonność do odgrywania innych odziedziczył właśnie po niej. Z językami obcymi wiązał swoją przyszłość, choć nie wiedział, jaki zawód miałby mu to umożliwić. Ten, który wykonywał, pracownika firmy zajmującej się sprzedażą wysyłkową, traktował wyłącznie jako tymczasowy sposób utrzymania. Zastanawiał się nad podjęciem lingwistycznych studiów. Pasją Raszida były natomiast komputery. Kończył średnią szkołę i już dorabiał w sklepie handlującym komputerowym sprzętem i oprogramowaniem.

Byli zachwyceni Europą, zupełnie niepotrzebnie się martwiła. „Tu jest jak w raju! – mówili jeden przez drugiego. – Mają tu wszystko, czego zapragniesz, wystarczy pójść do sklepu. Choćby i w środku nocy, nigdy nie zamykają. A jak kto nie chce, to nawet chodzić nigdzie nie musi, bo można zamówić i wszystko przywożą do domu, pod same drzwi. Jak w bajce. Chcesz czegoś, strzelasz palcami i jest! Robić też możesz, co chcesz, mówić, co chcesz, nikt niczego ci nie może zabronić. Wszystko dozwolone, żyć nie umierać!"

Szamil wyjął portfel i wyciągnął z niego paszport w bordowej okładce. Pokazał palcem rząd pozłacanych liter.

– Tu jest napisane, że jesteśmy obywatelami Europy – powiedział. – Ojciec też taki ma, a Raszid dostanie za rok, jak skończy osiemnaście lat. Jakbyś tu przyjechała i zdecydowała się zostać, to też ci taki dadzą i też będziesz Europejką zaraz. Oni tu mają takie przepisy, że rodziny obowiązkowo muszą być ze sobą razem, i dadzą ci paszport bez gadania.

Europejczykami zostali w Polsce, gdzie po pobycie w obozie przejściowym otrzymali nowe dokumenty podróżne. Zdecydowali się jechać dalej, aż w Alpy, do ojca. Miał już europejski paszport, nie musiał na nic czekać. Uznali, że zamiast siedzieć z nimi w Polsce, tracić pieniądze, lepiej zrobi, jak pojedzie do siebie, a synowie i wszyscy kuzyni dołączą do niego, kiedy tylko zostaną uznani za Europejczyków i wyrobią sobie nowe papiery.

Mąż Lary miał już własne mieszkanie i pracę w małym miasteczku w Alpach. Jedno i drugie otrzymał od miejscowych władz. Pracował wieczorami w zajezdni autobusowej, w myjni. Sprzątał i mył samochody, żeby o świcie były gotowe znów wyruszyć w trasę. Dniami dorabiał w tureckiej restauracji, parę przecznic od domu. Przyrządzał mięso na szaszłyki i kebaby. A odkąd sprowadził synów, zatrudnił się jeszcze jako sprzedawca w sklepie z owocami i warzywami prowadzonym przez znajomego Egipcjanina, też w sąsiedztwie. Niemal cały czas spędzał w pracy, do domu przychodził w środku nocy, żeby przespać się parę godzin i przed południem stawić w sklepie lub w tureckiej knajpie. Znajomi i sąsiedzi mówili, żeby zwolnił, bo zapracuje się na śmierć, po co mu to? Odpowiadał, że nie po to ściągnął synów do Europy, żeby sobie na nią tylko patrzyli jak na sklepową wystawę, przez szybę, jakby nie mogli wejść do środka i korzystać z tego wszystkiego, co oferuje. „Wtedy nie tylko młodych, ale i dorosłego bierze taka złość, że daj mu tylko kamień w rękę, a nie myśląc wiele, rozbije wszystko w diabły – mówił. – Wolę, żeby mieli pieniądze, niż żeby mieli kraść. Po co człowiek żyje i ręce sobie urabia po łokcie jak nie po to, żeby jego dzieciom było lżej?"

Pracując od rana do nocy, prawie nie widywał synów, ale dzięki jego zarobkom mogli sobie pozwolić na więcej niż inni. Stać go było, żeby kupować chłopakom takie same ubrania, buty i telefony komórkowe, jakie nosili i jakich używali ich koledzy z europejskiej szkoły. Chciał, żeby w niczym od nich nie byli gorsi, niczym się nie odróżniali.

Nie musieli płacić za szkołę, a i czynsz za wskazane przez władze mieszkanie nie był wysoki. Mogli się przeprowadzić, kupić mieszkanie w innej, lepszej dzielnicy. Ale uznali, że dobrze jest, jak jest. W ich sąsiedztwie mieszkali prawie wyłącznie Czeczeni. Urzędnicy sami podpowiadali nowym przybyszom, żeby osiedlali się w tej okolicy, wśród rodaków, znajomych, że tak prościej będzie się im przystosować do nowego życia. A i ludzie sami ciągnęli do swoich, bo dzięki temu łatwiej było znaleźć dach nad głową, zarobek i wszelkie wsparcie. Kiedy mąż Lary wychodził do pracy, zostawiał synów pod opieką kuzynek lub sąsiadek, nie musiał się martwić, że chodzą samopas, bez żadnej kontroli.

Kiedy wiele lat później Lara przyjechała do miasteczka, w którym mieszkali, nie mogła wyjść ze zdumienia, że bardziej przypominało jej Kaukaz niż Europę.

– Na ulicy, w sklepach wszyscy mówili po czeczeńsku – wspominała. – Wychodząc z domu, czułam się, jakbym była na rynku w Groznym.

Ich mała Czeczenia sąsiadowała z małą Syrią. Dwie przecznice dalej zaczynał się mały Kurdystan, z którym czeczeńscy chłopcy toczyli podjazdowe wojny. A wszędzie wokół żyli Turcy. Biali rzadko tu zaglądali, uważając zajęte przez przybyszów ulice i kwartały za niepewne.

Larę zaskoczyła także mnogość meczetów. Wpadała na nie co krok. Do jednego chodzili szyici, do innego sunnici, tam sufici, gdzie indziej salafici, nawołujący do uzdrowienia dusz muzułmanów poprzez powrót do samych korzeni wiary i ścisłe stosowanie się do wszystkich praw i zaleceń zapisanych w Koranie. Larze zdawało się, że nieustannie słyszy dobiegające z minaretów wezwania na modlitwę.

Jej synowie trzymali z salafitami, którzy przypominali imamów z nowego meczetu w Duisi. Do ich meczetu chodzili się modlić, uczyć arabskiego, tam nawiązywali znajomości i przyjaźnie, spędzali wolny czas, a nawet, jak partyzanci w dolinie, ćwiczyli walkę wręcz i podnoszenie ciężarów.

Ojciec nie miał nic przeciwko temu, tak jak wcześniej Lara, nie dostrzegał w tym żadnego zagrożenia. Nie miał czasu, by zająć się duchowym wychowaniem synów. Zachęcał ich nawet, żeby chodzili do meczetu, poznawali wiarę ojców, uczyli się, jak żyć po bożemu. Czy mogło być w tym coś złego? „To jedyne, czego Europa wam nie da – powtarzał z naciskiem. – Mówią, że ich Bóg umarł, już go nie potrzebują". Obiecywał, że kiedyś, kiedy sprawy się ułożą, zabierze ich na Kaukaz, w góry, pokaże tamtejsze meczety i auł, z którego wywodzi się cały ich ród.

– Wiesz, Rustam też wyjechał za granicę. – Lara przerwała synowi opowieść.

– Kto? – zapytał zaskoczony.

– Rustam, syn Gełajewa. Ojciec wysłał go do Kairu.

– Tak, wiem. – Szamil nie sprawiał wrażenia, by ta wiadomość jakoś go obeszła. – Kair… u nas lepiej…

Lara nie potrafiła powiedzieć, czy bardziej ucieszyła ją wiadomość od synów i to, że spodobało im się w Europie, czy też może słowa Szamila, który o swoim nowym domu mówił „u nas".

– Wiesz, ożeniłem się – powiedział Szamil. – Jak będziemy rozmawiać następnym razem, przyprowadzę żonę i ci ją przedstawię.

Cheda była Czeczenką i miała osiemnaście lat. Szamil poznał ją już w Europie, ale pobrali się po kaukasku, z zachowaniem starych obyczajów. Tylko jej, matki, nie było na ślubie ani na weselu, na którym przez trzy dni bawiła się cała ulica.

– Spodziewamy się dziecka – powiedział Szamil. – Za trzy miesiące babcią zostaniesz.

Wyczuła zdenerwowanie i niepewność niezdarnie skryte pod okazywaną nonszalancją. Czekał z tym na koniec rozmowy, kiedy już umówili się na następne spotkanie, a Lara podała synom numer swojego telefonu.

– Wszystko będzie dobrze – powiedziała. – Teraz już wszystko będzie dobrze.

Dla swojego pierworodnego syna Szamil wybrał imię Mohammed. Nie czeczeńskie, nie kaukaskie, lecz muzułmańskie. Chciał w ten sposób uczcić Proroka, niech będzie z Nim pokój i błogosławieństwo, i od pierwszych dni życia skierować syna na ścieżkę prowadzącą ku Najwyższemu.

Po tym pierwszym spotkaniu kontaktowali się często, rozmawiali przez telefon i przez komputer. Lara zapożyczyła się u sąsiadów i kupiła w Telawi używany przenośny komputer, który ustawiła na stoliku przy łóżku w sypialni. Synowie odzywali się wieczorami, które w dolinie, z uwagi na różnicę czasu, wypadały późno w nocy.

Rozmawiała częściej ze starszym, Szamilem, i szybko zauważyła, że wplata arabskie słowa i zwroty, zwykle zaczerpnięte z Koranu, który znał na pamięć. Pewnego razu zamiast powitania wymamrotał: *Bismillah ir-Rahman ir-Rahim*, w imię Boga

Najmiłosierniejszego, Współczującego. Roześmiała się wtedy i powiedziała, żeby się do niej nie modlił, bo to grzech. Zmieszał się i wyjaśnił, że właśnie przyszedł z meczetu.

Coraz częściej mówił jej o Koranie, wierze, meczecie i znajomych, jakich tam poznał. Nie rozumiała tej pobożności, ale nie widziała w niej nic złego. Kiedyś zapytała, czy nie ma przyjaciół, że tak w kółko przesiaduje w meczecie? Odpowiedział, że przyjaciół spotyka właśnie w meczecie.

– A Europejczycy? – zapytała. – Wśród nich też musisz mieć przecież przyjaciół?

Powiedział, że w Europie trudno o przyjaźń, ludzie nie mają na nią czasu. Pracują od świtu do nocy, a gdyby mogli, pracowaliby pewnie bez przerwy. Najpierw, żeby dowieść swojego pierwszeństwa nad innymi, a potem, żeby odpierać ataki rywali.

– Tylko to się tutaj liczy. Ile masz i który jesteś w wyścigu, więc wszyscy za wszelką cenę próbują zdobyć jak najwięcej, wciąż się ze sobą ścigają. – Powiedział to ze złością, co ją zaskoczyło i trochę zmartwiło. – Tylko tak cię oceniają i mierzą. Jak masz, to jesteś kimś, to cię szanują, podziwiają, a to, co mówisz, uważają za ważne. A jak nie masz nic, to jesteś niczym i twoje zdanie nikogo nie obchodzi.

Zadawał się niemal wyłącznie z Czeczenami, a także z Turkami i Syryjczykami z sąsiedztwa. Wśród miejscowych, spośród tych prawdziwych, białych Europejczyków, miał tylko jednego bliskiego znajomego. Zaprzyjaźnili się jeszcze w szkole. Niko był Chorwatem, ale jego rodzina przyjechała tu i osiadła bardzo dawno temu. Urodził się już w Alpach i uważał za tubylca. A co najważniejsze, za tubylca uważali go także miejscowi, którzy takich jak Szamil, przybyszów z daleka, o innej barwie skóry i innego wyznania, do swoich nie zaliczali. Europejski paszport, jaki

Szamil od nich otrzymał, był tylko jałmużną, przepustką do ich świata, ale nie uprawniał do żadnej zażyłości, nie dawał żadnej przynależności.

Lara zwróciła też uwagę, że im częściej rozmawiała z Szamilem, im bardziej oswajali się ze sobą i z tymi prowadzonymi na odległość rozmowami, tym mniej w jego słowach było zachwytu Europą. O opływających wszelkim dobrem i gotowych spełnić każdą zachciankę galeriach handlowych, w których kiedyś spędzali z Raszidem całe dnie, nie mówił teraz z podziwem, lecz z pogardą. „To tylko drobniaki, nagrody pocieszenia" – powiedział kiedyś ze złością. I zirytował się, kiedy zapytała, o jakich nagrodach mówi i dlaczego potrzeba mu pocieszania. Zaniepokoiło ją to słowo, którego użył, jej, matce, powiedziało tylko tyle, że syn nie czuje się szczęśliwy. Uspokoiła się, że nie chodzi o małżeństwo, przez chwilę bała się, że może nie jest mu dobrze z tą nieznaną jej dziewczyną, Chedą. Ale nie. Szamil z narastającym rozdrażnieniem mówił o firmie wysyłkowej, w której pracował, pakował w kartony zamówione przez klientów towary, owijał firmowym papierem, oklejał taśmą mocującą. Zarabiał przyzwoicie i niczego mu nie brakowało, nie.

– Więc jesteś zadowolony? – upewniła się kiedyś, a on powiedział, że tak, więc odetchnęła z ulgą.

Zarzucił myśl o uniwersytecie. Musiał utrzymać rodzinę. Uważał też, że mężowi i ojcu nie przystoi być studentem. Zapisał się na wieczorowe kursy. Komputerowy i dla księgowych. Mówił, że wyższe kwalifikacje ułatwią mu awans i zapewnią większe zarobki. A przede wszystkim otworzą możliwości, perspektywy, o których tyle się mówiło w Europie, gdy do niej przyjechali. Niemożliwe nie istnieje, nie wyzbywaj się marzeń, możesz zdobyć wszystko, jeśli tylko tego zapragniesz, jesteś kowalem swojego losu, sam jesteś sobie kapitanem i okrętem. Słyszał to na każdym kroku i bardzo mu się podobało. I na tym, powtarzał, zależało mu najbardziej.

Nadal spotykał się z Niko, Chorwatem. Dzwonił zawsze Niko. Skończył dziennikarskie studia i szukał zatrudnienia w którejś z gazet, w rozgłośni radiowej albo stacji telewizyjnej. Umyślił sobie, że jeśli zostanie reporterem, będzie się zajmować Kaukazem. Widział w tym dla siebie szansę, bo w całym kraju niewielu było dziennikarzy, którzy cokolwiek o Kaukazie wiedzieli i mieli o nim coś do powiedzenia. Poza zwyczajną ludzką ciekawością i sympatią, jaka ich łączyła, znajomość z Szamilem przybliżała Chorwatowi Kaukaz i jego sprawy.

Tak naprawdę Niko marzył o pisaniu książek, a dziennikarstwo miało go tylko do tego przybliżyć. Opublikował kilka opowiadań w piśmie literackim, a recenzenci chwalili go za lekkość pióra, wyczucie tematu i wyrazisty styl. Mówili, że ma talent i dobrze się zapowiada, ale żadne wydawnictwo nie chciało wydać jego książki, nie dostał też pracy w żadnej redakcji. Niko pisał dalej, zarabiając na życie w firmie znajomego, ale zaczął mówić, że się dusi, że żyje jak niewolnik, maszyna, zwierzę pociągowe. Bo zamiast iść naprzód, zdobywać to wspaniałe życie, ciągle natyka się na ten sam mur. Czuje, że rozbija sobie o niego głowę, a potem, że już tylko w niego bodzie, uderza raz za razem, niczego nie przebije. Im dłużej to się dzieje, tym pęta mocniej zaciskają mu się na szyi, ramionach i nogach, krępują ruchy, ubezwłasnowolniają. Boi się, że za jakiś czas przestanie nawet walczyć z tym murem, po prostu da sobie spokój. Z każdym mijającym dniem coraz wyraziściej i boleśniej uzmysławia sobie, że życie wymyka mu się z rąk, a on nigdzie nie podąża, gubi cel i sens, jakiego życie miało dopiero nabierać. Wcale nie robił tego, co chciał i co mu obiecywano. Robił wyłącznie to, co musiał, czego od niego żądano, do niczego przy tym nie przymuszając.

– Dlaczego mi opowiadasz o jakimś Niko? – przerwała mu kiedyś Lara, gdy zamiast zdać zwykłą relację z ostatnich tygodni i dni, Szamil znów zaczął uskarżać się na krzywdę, jaka spotkała jego przyjaciela. – On ma swoją matkę, która go wysłucha, a ty mi mów o sobie.

Rozmowy z synami stały się jej jedyną radością i treścią życia. Czerpała z nich odwagę, jaką daje świadomość właściwie dokonanego wyboru. Nie musiała się już zamartwiać ani odpędzać poczucia winy. Sprawy miały się dobrze. Uwolniona od odpowiedzialności, mogła zacząć żyć spokojnie, tylko za siebie.

Może dlatego zlekceważyła pierwsze nuty rozczarowania, jakie wyczuła w słowach Szamila. A może nie chciała ich słyszeć? Gorycz wolała brać za wyniosłą pozę, tak chętnie przyjmowaną przez starszego syna. W końcu jednak musiała zapytać.

– Synku, czy tobie jest tam aby dobrze?

Przyszło jej to do głowy, ponieważ coraz częściej opowiadał o ludziach nieszczęśliwych, którym się nie wiodło, o rozczarowaniach i goryczy, jaka pozostaje po wyrzeczeniu się marzeń.

Szamil chciał czegoś więcej, niż spędzić resztę dorosłego życia przy godziwie opłacanym pakowaniu i odprawianiu przesyłek. Ze świadectwami ukończonych kursów dokształcających w garści poprosił o audiencję u szefów firmy. Wyznaczyli mu spotkanie, a on zakomunikował, że stać go na więcej i chciałby zająć się ważniejszymi i bardziej odpowiedzialnymi sprawami. Zaznaczył, że idzie mu o to, żeby się rozwijać, wykorzystać to, do czego nadaje się najlepiej, a nie o pieniądze, w każdym razie nie tylko o pieniądze.

Zapytali, co umie, a on odparł, że ma wyjątkowy słuch do obcych języków i wieloma z nich potrafi biegle władać. I że w ogóle nauka łatwo mu przychodzi. „Do niczego się to nam nie przyda" – skrzywił się jeden z szefów. Drugi zaś poradził, żeby się lepiej cieszył z tego, co ma, i nie zaprzątał sobie głowy mrzonkami. I że tam, skąd przyjechał, ludzie pewnie nawet nie marzą, żeby żyć tak jak on. „Jak ci się u nas nie podoba, zawsze możesz wrócić do swoich. Pamiętaj, że znajdę na twoje miejsce dziesięciu chętnych – dodał. – Takie czasy".

Czasy rzeczywiście się zmieniły. Kiedy przyjechali do Europy, mówiło się o niej, że jest nieprzyzwoicie bogata, ale się starzeje i potrzebuje rąk do pracy. Miejscowych z każdym rokiem robi się mniej, bo dla wygody nie chcą mieć zbyt wiele dzieci i dopiero na starość zaczynają się martwić, kto będzie pracował na ich emerytury. Ale te czasy właśnie się skończyły. Okazało się, że żyli i bawili się na kredyt, przepuścili nawet to, co miało stać się udziałem dopiero ich dzieci i wnuków. W gazetach zaczęto pisać o kryzysie, o konieczności oszczędzania i wyrzeczeń. Wędrujących za chlebem przybyszów ze świata wpuszczono jednak tylu, że pracy, nawet tej najgorszej, najsłabiej płatnej, nie starczało dla wszystkich. Wyczerpały się możliwości przebierania w życiowych szansach i pozostało tylko godzić się na to, co było jeszcze pod ręką, brać, co było do wzięcia.

Innym razem Szamil opowiedział jej o swoim znajomym, Czeczenie, który przed wojną pracował jako inżynier w petrochemii w Groznym. Na próżno szukał na obczyźnie zatrudnienia zgodnie z kwalifikacjami, możliwościami i ambicjami. W końcu w którymś z pośredniaków zaproponowano mu pracę wartownika w firmie ochroniarskiej. „Ale ja inżynierem jestem, piętnaście lat stażu w wielkiej petrochemii" – tłumaczył. „Inżynierem to pan już był – powiedział mu urzędnik. – A teraz, według mnie, nadaje się pan w sam raz na nocnego stróża".

– Tu nie ma przyszłości – powiedział Szamil, gdy Lara zapytała wprost, czy nie jest aby nieszczęśliwy. Drażniła go i męczyła poślednia rola, jaką raz na zawsze próbowano mu wyznaczyć na początku życia, a jeszcze bardziej to, że oczekiwano za to od niego akceptacji, a nawet wdzięczności. Nic nie mógł zmienić, choćby nie wiadomo jak się starał, nie wiadomo jak chciał.

– Co ty mówisz? – zaoponowała. – Sam zobacz, do czego doszedłeś. Masz rodzinę, dom, pracę. I przed tobą całe życie...

– W którym w kółko będę szykował paczki do wysyłki...

– Niejeden by się z tobą zamienił.

– Mówisz, jakbyś była jedną z nich.

Teraz, kiedy opowiadał o swoim życiu w Europie, nie mówił już jak dawniej – „u nas", za to coraz częściej – „oni". Miała wrażenie, że tak nazywał wszystkich, których winił za swoje rozczarowania, niepowodzenia, niespełnione marzenia. Nie poczuwał się już z „nimi" do wspólnoty ani nie zabiegał o ich akceptację. Przeciwnie, świadomy, że nigdy nie pozwolą, by do nich dołączył, sam zaczął się trzymać z dala od nich i od ich świata. Ten świat wydał mu się nagle bezwartościowy, pusty, już nie uwodził bogactwem, blichtrem, barwami. Był jak paczka, opakowana w lśniący kolorowy papier, pusta w środku. Zaczął wspominać dzieciństwo, partyzantów we wsi, opowieści o wojnie, ogniska palone na leśnych polanach.

– A mówiłeś, że się u was żyje jak w raju – powiedziała z żalem, czepiając się jeszcze tamtej dawnej, pięknej wizji. Poczuła pierwsze drobne igiełki strachu.

– Przyjedziesz kiedyś tutaj, do doliny, to zobaczysz, jak naprawdę zło wygląda – powiedziała ostrzegawczo, niemal wrogo, ponieważ milczał.

– Przynajmniej byłbym u siebie – odparł.

Niko, Chorwat, kiedy się spotykali w mieście i narzekali na życie, mówił czasami Szamilowi, że mu zazdrości. „Ja mogę tylko uciec do swojego mieszkania. Ale otwieram drzwi, a tam pusto, nikogo nie ma, tylko cztery ściany – powiedział. – Ty masz przynajmniej dokąd pójść. Masz swój meczet".

Szamil rzeczywiście spędzał tam coraz więcej czasu. Lara szybko nauczyła się rozpoznawać dni, kiedy jej syn był w świątyni. Jeśli podczas wieczornej rozmowy opowiadał o sobie, o domu, synu i żonie, był spokojny, nie narzekał i się nie złościł, wiedziała, że tego dnia był u salafitów. Wtedy częściej niż zwykle wplatał też arabskie słowa i zwroty z Koranu.

Zresztą sam mówił, że chodzenie do meczetu bardzo mu pomaga i uspokaja, a po modłach czuje się oczyszczony. Pilnował, by nie opuścić żadnej z modlitw, których odmówienie pięć razy w ciągu dnia jest dla muzułmanina obowiązkiem. Starał się przychodzić na modlitwę do meczetu wraz z innymi wiernymi i tylko wyjątkowo, kiedy już naprawdę nie mógł nawet na chwilę uwolnić się od obowiązków, modlił się w pracy. Opowiadał, że w jego firmie, jak w wielu innych w Europie, kierownictwo wyznaczyło do tego specjalne pomieszczenie. Na podłodze, żeby ułatwić modlącym się bicie pokłonów, wymalowano nawet strzałę wskazującą kierunek, gdzie leży Mekka. „Jest nas tu coraz więcej" – powtarzał często, a któregoś razu, z przekąsem w głosie, opowiadał, że w pensjonacie, w którym się zatrzymał, przy nocnym stoliku wyłożono i Biblię, i Koran.

– A oni tam w Europie się nie modlą? – zapytała Lara.

– Mówią, że tylko w niedzielę, ale i tego dnia ich kościoły są puste – odpowiedział.

A w jego meczecie, mówił, świątek, piątek, zawsze jest pełno ludzi, zawsze coś się dzieje. Spędzał tam niemal wszystkie wolne chwile, do domu wracał wieczorem, po czwartej modlitwie, odmawianej po zachodzie słońca. Dopiero wtedy zajmował się rodziną, codziennymi sprawami. A przed snem jeszcze raz wymykał się z domu do meczetu na piątą, ostatnią modlitwę.

Powiedział kiedyś Larze, że dopiero w meczecie wie, kim tak naprawdę jest i po co znalazł się na świecie.

– Co ty mówisz, synku? Jak można nie wiedzieć, kim się jest? – zaprotestowała przestraszona.

Odpowiedział, że wie, kim nie jest, ale to, kim jest, odkrył dopiero w meczecie. Na pewno nie jest obywatelem Europy, chociaż nosi w kieszeni jej paszport.

– Człowiek jest tym, za kogo się uważa – powiedziała.

– I tego właśnie nie wiedziałem – odparł.

W meczecie powiedziano mu, a może sam to pojął, że przede wszystkim jest muzułmaninem. Nieważne, skąd pochodzi, gdzie go rzucił los, czy jest bogaty, czy biedny, biały czy czarny. To wszystko nie ma znaczenia, ponieważ przede wszystkim jest sługą Bożym i ma żyć zgodnie z Jego wolą. Wystarczy, by o tym pamiętał, przestrzegał boskich przykazań i według nich postępował, a jego życie nabierze znaczenia, odnajdzie kierunek i cel. Znikną wszelkie rozterki i wątpliwości, znajdzie proste odpowiedzi na wszystkie pytania.

Powiedział Larze, że w meczecie znajduje spokój, bo spotyka tam ludzi takich jak on, tak samo niepewnych, zagubionych, rozczarowanych, nie widzących przed sobą przyszłości, przepełnionych nieokreśloną złością.

– Tam nie jestem sam, ale otaczają mnie bracia, którzy czują i myślą jak ja – wyznał z gorliwością w głosie. – Rozumiemy się, nie musimy nawet nic mówić, tego samego pragniemy i tego samego nam brakuje.

Lara wyczuwała tę tęsknotę od dawna, ale nie pytała, skąd się ona bierze. I czego Szamilowi w życiu najbardziej brakuje. Sądziła, że to zwyczajne rozterki, jakie przeżywa młody chłopak wstępujący nieodwołalnie w dorosłość. Ceną za to były zwykle zarzucone marzenia. „Minie mu to, przejdzie" – tłumaczyła sobie.

Ucieszyła się, kiedy pochwalił się jej, jak wielu poznał przyjaciół.

– To dobrze – powiedziała. – Człowiek nie powinien być sam. Trzeba się trzymać ludzi. Kiedy człowiek jest sam jak palec, złe myśli mają do niego łatwiejszy dostęp.

Myślała, że mówiąc o przyjaciołach, Szamil ma na myśli ludzi, których spotyka w meczecie, z którymi rozmawia. Zdziwiła się nawet, kiedy wspominał o przyjacielu z Paryża, znajomym z Brukseli, z Hanoweru. Brała tych kolegów syna za dowód, że choć tak narzeka i zrzędzi, zapuszcza jednak korzenie, przyjmuje się coraz lepiej w nowym miejscu. Nie wiedziała, że większości swoich nowych znajomych Szamil nigdy nie spotkał, na oczy nie widział. Poznał ich, wędrując w internetowej sieci. Nie znał ich prawdziwych imion, wystarczało mu, że czuli i myśleli jak on, za tym samym tęsknili. Znalazł swoje bratnie dusze. Lara nie miała o tym pojęcia, ale nawet gdyby wiedziała, i tak nie potrafiłaby rozumieć, że można przyjaźnić się w ten sposób i że taka znajomość może odmienić ludzkie życie.

Osiem lat. Tyle czasu nie było ich w dolinie. Nie sądziła, że osiem lat, zdawałoby się szmat czasu, może upłynąć tak szybko, niezauważenie. Na czym zeszło jej tych osiem lat życia? Chyba tylko na czekaniu. Czekaniu na wiadomości o synach i od synów, czekaniu na rozmowę z nimi. Na czym jeszcze? Siedząc na lotnisku w dniu, w którym samolotem z Europy mieli przybyć jej synowie, przyglądała się ludziom w sali przylotów. Na czym im zeszło tych osiem lat? Tyle się jednak wydarzyło. Jak to możliwe, że wszystko działo się jakby poza nią i jej nie dotyczyło?

Niedługo po wyjeździe chłopców do Europy w Tbilisi doszło do rozruchów, obalono starego prezydenta. Mówiono, że gdyby nie odszedł po dobroci, w kraju wybuchłaby nowa wojna. Ale był stary, wiedział, że wojna to nie zabawa i że trzeba się jej wystrzegać jak zarazy. Ludzie i tak go szanowali, a jeszcze bardziej ujął ich tym, że ustąpił i nie bronił władzy jak inni. Narzekali na niego, kiedy rządził. Mówili, że sprawy wymknęły mu się z rąk, nie radzi sobie z niczym, nawet z własnymi ministrami i urzędnikami, którzy bezwstydnie, w żywe oczy kradli państwowe i łupili ludzi. Mówiono, że się ich bał, że wszystkim chciał dogodzić, byle się za łby nie pobrali, nowej wojny nie wywołali. W rezultacie w kraju władzy nie było żadnej, żadnej sprawiedliwości, tylko bezkrólewie, złodziejstwo i bieda coraz większa. Ale kiedy odszedł, nie sprzeciwiając się, byle uniknąć wojny, ludziom zrobiło się go zwyczajnie żal. Tym bardziej że obalili go ci, których chował na swoich następców i którzy wszystko mu zawdzięczali.

Nowy prezydent był jak z obrazka. Przystojny, wysoki i młody, wielu uważało, że za młody. Bywały w świecie, pokończył zagraniczne uczelnie, potrafił biegle mówić kilkoma obcymi językami. I za żonę miał cudzoziemkę. Wypisz, wymaluj Europejczyk. Zaraz zabrał się do pracy i trzeba przyznać, że robota paliła mu się w rękach. Wszędzie go było pełno, wszystkim chciał się zająć, wszystkiego sam doglądać. Potem od tych sukcesów i zachwytów przewróciło mu się w głowie, ale rzeczywiście mało komu udało się osiągnąć tyle co jemu. I to w tak krótkim czasie.

Raz, dwa zaprowadził porządek, ukrócił złodziejstwo, pozwalniał sprzedajnych urzędników, sędziów, policjantów, a tym, którzy dorobili się na kradzieży i łapówkach, dał do wyboru – albo zwrócą wszystko państwu, albo powędrują do więzienia. Ludziom bardzo się to zaprowadzanie sprawiedliwości spodobało. I to, że chciał, żeby w Gruzji było jak w Europie.

Kazał równać stare drogi i kłaść nowe, budować mosty, lotniska, dworce, szpitale, szkoły, uniwersytety, sprzątać, czyścić, odmalowywać, żeby wszystko lśniło i wyglądało jak spod igły. Jak w Europie. „I udało mu się, bez dwu zdań" – pomyślała Lara, wodząc wzrokiem po nowoczesnym lotnisku ze szkła i stali. Widywała takie tylko na zachodnich filmach i w telewizji.

Sukcesy uderzyły jednak młodemu prezydentowi do głowy, chwalił się nimi bez końca i zachowywał, jakby wszystkie rozumy pozjadał. Otoczył się pochlebcami i z coraz większym trudem znosił krytykę. A że zawsze był raptusem, gorączką, to i nic dziwnego, że ludziom się to nie podobało.

Kistowie i Czeczeni z doliny Pankisi odnosili się do nowego prezydenta nieufnie. Nie zapomnieli mu, że na początku panowania, chcąc się przypodobać Rosji, kazał aresztować i wydać jej kilku ukrywających się w Gruzji Czeczenów. Na nic się to zdało, bo w Moskwie nie darowali mu nigdy, że bardziej chciał się przyjaźnić z Europą, i tylko czekali, by mu dokuczyć lub się go pozbyć. Wiedzieli, jak go podejść, sprowokować do nowej wojny z Osetyjczykami, a potem, niby to pomagając napadniętym Osetyjczykom, najechali Gruzję. Rosyjskie czołgi stały już pod Mcchetą i gdyby nie wmieszała się Europa, ruszyłyby na Tbilisi i nic by ich nie zatrzymało. Czeczeńscy uchodźcy, których wciąż paru zostało w dolinie Pankisi, mówili, że to niepodległość uratowała Gruzinów. Gdyby Gruzja nie była niepodległym krajem, lecz rosyjską prowincją, Rosjanie najechaliby ją jak Czeczenię i jak ją zrównali z ziemią. Nikt by się nie obruszył, nie wtrącił, bo byłaby to wewnętrzna rosyjska sprawa. Co innego, gdy się ma do czynienia z niepodległym krajem. Niepodległego kraju nie da się najechać, ot, tak, nie wywołując światowego skandalu. Gdyby nie to, Rosjanie raz-dwa przeszliby tu przez góry i staliby dziś nad Alazani.

Ale choć wojna się skończyła i życie w Tbilisi wróciło do normy, lotnisko świeciło pustkami. Zostało zamknięte, gdy nad miastem pojawiły się rosyjskie samoloty, ale po wycofaniu się Rosjan zaraz je znowu otwarto. Niewielu jednak gości przyjeżdżało ze świata do Gruzji, choć jesień nawet lepiej niż lato nadaje się na Kaukazie na wakacje i wędrówkę po górach. Ale cudzoziemcy nie przyjeżdżali. Wystraszeni nową wojną uznali najwidoczniej, że czasy i sytuacja w Gruzji wciąż są niepewne.

Rozglądając się po pustawym lotnisku, Lara pomyślała, że to jednak ta nowa wojna sprawiła pewnie, że synowie postanowili ją odwiedzić, wrócić po ośmiu latach tam, skąd ich wyprawiła. Niepokoili się, pytali, czy nic jej nie grozi, chcieli przyjechać, na własne oczy przekonać się, jak wygląda sytuacja w dolinie. Starali się jej pomagać, przysyłali z Europy pieniądze, a to na kupno krowy, a to na drewno na opał. Namawiali, żeby przeniosła się do nich. Nie mogła, musiała opiekować się rodzicami, ją jedną mieli teraz na świecie. Jakżeby miała ich samych zostawić?

Od czasu gdy synowie Lary wyjechali do Europy, Gruzja zmieniła się nie do poznania. Za to w dolinie Pankisi wszystko zostało po staremu. Tyle że wynieśli się z niej najpierw partyzanci, a zaraz potem niemal wszyscy czeczeńscy uchodźcy. Od razu zrobiło się spokojniej, jakby przestronniej. Ale po Czeczenach zniknęli też z doliny cudzoziemcy, którzy przyjeżdżali tu im pomagać. A gdy ich zabrakło, do wiosek Kistów przestały płynąć z zagranicy pieniądze, towary i podarki dla uciekinierów, które ci odsprzedawali później na nadrzecznych targowiskach.

Do doliny wróciła stara, dobrze Kistom znana bieda. Gruzja, zapatrzona w Europę, gnała przed siebie na oślep, wrzała energią, marzeniami, wielkimi planami i przedsięwzięciami. Czuło się to nawet w Kachetii. Za to w Pankisi życie zamarło. Nic się nie działo, nic nie budowało. Z rzadka, zwykle przed jakimiś wyborami, zjeżdżali tu ze stolicy rozmaici urzędnicy i politycy, obiecywali złote góry. Potem wyjeżdżali i nie zmieniało się nic a nic. Gruzja goniła Europę, a Kistom, jeśli chcieli zarobić nędznych parę groszy, pozostawało jak zawsze paść owce na połoninach i zbierać po lasach kasztany. Młodzi wyjeżdżali za chlebem za granicę, teraz częściej do Turcji i krajów arabskich niż do Rosji. Wspierali się nawzajem. Ktoś, kto urządził się w Stambule, Damaszku czy Kairze, powiadamiał o tym krewnych i sąsiadów, pomagał im znaleźć dach nad głową, pracę. Zarobione pieniądze wysyłali rodzinom, które zostawili w dolinie. Niektórym wiodło się na obczyźnie tak dobrze, że ich krewni budowali po wsiach prawdziwe pałace.

Nieliczni cudzoziemcy, którzy czasem zaglądali do Pankisi, namawiali Kistów, żeby spróbowali żyć z turystów jak Chewsurowie z sąsiedniej doliny albo Swanowie. Nie trzeba się urobić po łokcie, wystarczy przeprowadzić przybyszów szlakami po górskich przełęczach, ugościć, nakarmić, napoić winem, a nocą przy ognisku opowiedzieć stare legendy. Łatwy pieniądz spływa do kieszeni za samą gościnność.

Lara podeszła do tego pomysłu z powagą. Wielki dom nadawał się na pensjonat. Stał prawie pusty. Całe piętro, cztery izby, można by wynajmować letnikom. Lubiła podejmować gości, słuchać ich opowieści ze świata. Ali, jej kuzyn, znał w górach każde przejście, każdy strumień i kamień. Służył za przewodnika partyzantom, to i turystów mógłby prowadzić. Wieczorem wracaliby na spoczynek do domu Lary, a ona zabierałaby ich do domu kultury, gdzie z innymi kobietami z doliny śpiewały stare pieśni Kistów, opowiadały legendy i baśnie. Ciekawa była zdania synów. Gdyby interes wypalił, mogliby prowadzić pensjonat razem, zapraszaliby w góry znajomych z Europy, ściągali gości. Może nawet wróciliby do doliny, z rodzinami, znów byliby razem.

Z zamyślenia wyrwał ją odczytywany przez głośnik komunikat. Samolot z Europy, którym mieli przylecieć Szamil i Raszid, właśnie wylądował. Stanęła naprzeciwko wyjścia, żeby nie przegapić chwili, gdy się pojawią. Po raz pierwszy od ośmiu lat miała dotknąć, poczuć, uściskać własne dzieci. Przyjeżdżali tylko na dwa tygodnie, ale postanowiła się tym nie zamartwiać, nie psuć sobie radości. Kto zresztą wie, co przyniesie życie?

Wyszli jako pierwsi. Chociaż zaraz ich poznała, wydali się jej dziwnie obcy, niepodobni do jej synów, dorośli mężczyźni, o których życiu tak niewiele wiedziała. Rozpłakała się, kiedy podeszli, by ją uściskać. Uciszali ją, tulili, mówili: „już dobrze", „nie trzeba". „To nic, ja tak tylko... – odpowiadała. – To ze szczęścia".

Stali tak dłuższą chwilę, sami w pustej sali przylotów. Nawet taksówkarze, którzy zwykle zaraz rzucali się na przyjezdnych, wyrywając im bagaże i ciągnąc do swoich samochodów, zostawili ich w spokoju.

– Jak szybko! – zdziwiła się, wycierając chustką łzy. – Innych jeszcze nie zaczęli puszczać.

– Bo my nie z Gruzinami staliśmy w kolejce, tylko w tej dla obywateli Europy – powiedział Raszid. – Tam szybciej odprawiają. I jak kto z Europy, to wizy nie potrzebuje, od razu puszczają.

– I cudzoziemców w samolocie prawie nie było. Poza nami może jeszcze ze trzy osoby, to szybko poszło – dodał Szamil. – Reszta pasażerów to sami Gruzini.

– Gruzini dopiero chcą, żeby ich do Europy przyjąć, a z nas, Czeczenów, już stuprocentowi Europejczycy. Tylko popatrz! – powiedział Raszid, wyciągając z kieszeni kurtki paszport.

Wzięła go ostrożnie do ręki, jakby się bała, że uszkodzi, zniszczy tę przepustkę do lepszego życia i lepszego świata. Miał bordową sztywną okładkę, na której złotymi literami wypisane były słowa w obcym języku. Rozpoznała jednak słowo „Europa". Otworzyła paszport, żeby popatrzeć na zdjęcie.

– Oj, jak dobrze! – westchnęła. – Chce się żyć!

Tych kilkanaście dni spędzonych z synami w dolinie zapamiętała jako czas niespiesznego nasycania się radością, która zastąpiła niepewność i lęk. Opowiadała im o sobie i o tym, co zdarzyło się pod ich nieobecność, o krewnych, sąsiadach, bliższych i dalszych znajomych. Ale przede wszystkim wypytywała synów o ich życie w Europie. I o ten zachodni świat, o którym tyle rozpowiadano w Gruzji i który przedstawiano jako ziemię obiecaną, gdzie wszystkiego jest w bród i gdzie znikają wszelkie problemy i troski.

Siadywali na werandzie, żeby patrzeć na rzekę i odległe góry, albo w kuchni przy ustawionym pod oknem stole. Lubiła patrzeć, jak się zajadają zapomnianymi domowymi przysmakami, świeżutkimi, jeszcze gorącymi podpłomykami, wędzoną rybą, słonawym serem sulguni, miodem, a przede wszystkim marynatami, które zawsze szykowała na zimę. Lara krzątała się nad kuchnią, postukiwała garnkami. Gotowała im na wieczór ich ulubione potrawy – zawiesistą, przypominającą sos zupę lobio z czerwonej fasoli, przyprawioną cebulą, ziołami, orzechami i czosnkiem, i chinkali, kołduny faszerowane baraniną. Odwrócona tyłem przysłuchiwała się, jak mówią, upajając się dźwiękiem ich głosów. Czasami przechodzili w rozmowie na język niemiecki i Lara wyczuwała, że robili to, żeby coś przed nią ukryć. Ale nawet wtedy czuła przede wszystkim rozpierającą ją radość i dumę, że jej synowie wyrośli na ludzi tak wykształconych i obytych w świecie. Lubiła też przechadzać się z nimi po wsi, kiedy napotykani ludzie pozdrawiali ich, przystawali, nie mogli się nadziwić, nazachwycać, na jakich pięknych mężczyzn wyrośli chłopcy, których dobrze przecież pamiętali sprzed lat.

Szamil z Raszidem też próbowali odszukać w dolinie dawnych kolegów z dzieciństwa. Ale niewielu ich zostało. Niektórzy przystali do partyzantów i poginęli w górach w potyczkach z rosyjskimi patrolami. Większość wyjechała za chlebem, do Europy, do Turcji, na Bliski Wschód. Nieliczni pojechali tam na naukę. A ci, co zostali, myśleli tylko o wyjeździe, żeby się wyrwać z panującego w dolinie zastoju i beznadziei, chodzili nad rzekę upijać się winem i odurzać anaszą. Tak od zawsze w dolinie nazywało się zielsko znane w świecie jako indyjskie konopie. Namawiali do tych wypraw synów Lary, ale oni, zwłaszcza Szamil, nie chcieli o tym słyszeć.

– Dobremu muzułmaninowi to nie przystoi – mówił. – To grzech, haram.

Przesiadywał za to w nowym meczecie w Duisi, choć i tam nie spotkał wielu dawnych znajomych.

Tym razem Larze nie podobało się, że tyle czasu spędza w nowym meczecie. „Do nich przyjechałeś czy do mnie?" – zapytała kiedyś niby żartem. Nie lubiła też, kiedy przy stole opowiadał o polityce, sytuacji na świecie, o wojnach, narzekał na niesprawiedliwość i krzywdy, jakie spotykają muzułmanów. No i nie lubiła, kiedy mówił o islamie i o tym, jak powinien żyć dobry muzułmanin, czego mu nie wolno. Zdaniem Lary zbyt wiele rzeczy było według jej syna zakazane, prawie wszystko, co daje ludziom radość. Nie rozumiała, dlaczego jej syn chce tyle rzeczy ludziom odebrać.

– Wcale nie chcę odbierać ludziom radości – odpowiadał. – Powinni się jednak wyzbyć wszystkiego, co odciąga ich myśli w złą stronę, dalej od Boga.

Nie pochwalał tego, że matka udziela się w chórze w domu kultury i śpiewa pieśni nie poświęcone Najwyższemu, nie wychwalające Jego imienia. Jeszcze bardziej gorszyły go znajome matki z grupy tanecznej. Według niego taniec, jako zachowanie wyuzdane, wodzące na pokuszenie, w ogóle powinien zostać zakazany. Ze źle skrywanym wyrzutem zwracał uwagę, że kobiety w dolinie, choć przyznają się do muzułmańskiej wiary, nie ubierają się po bożemu, wychodzą z domów bez opieki mężczyzn, a na ulicy nie zakrywają twarzy i włosów.

– Ty byś kobiety w domach pozamykał! – powiedziała mu pewnego dnia przy obiedzie. – Mówisz, jakbyś czas do średniowiecza chciał zawrócić. W Europie przecież żyjesz, w postępie! Nie wstyd ci? I nic ci się u nas nie podoba, na wszystko narzekasz.

– Mamo, nie chcę się z tobą kłócić – odparł. – Ale nie myśl sobie, że ta cała Europa to taki cud. Żaden z niej raj, człowiek niczego nie może być tam pewny, nic nie jest trwałe. A i postęp jest wtedy, kiedy ludzie czują, że żyją lepiej. A to nie tylko pełne sklepy, konto w banku i żeby człowiekowi niczego nie wolno było zabronić. Ludzie potrzebują w życiu czegoś więcej, jakiegoś ładu, porządku, kolei rzeczy. Potrzebują w coś wierzyć, żeby zrozumieć, po co się na tym świecie znaleźli. Tego akurat w Europie nie ma, chociaż wszystkiego innego jest tam pełno.

– Jakby w tej Europie tak źle było, toby się tam ludzie tak nie pchali jeden przez drugiego.

– I dopiero, jak się już tam przeniosą, przekonują się na nowym miejscu, że są nikim i nikt ich nie szanuje. Bo niby za co? Są nikim i nikim na zawsze już pozostaną.

Chciała powiedzieć, że chyba nie wszyscy tak kończą i że muszą być także tacy, którzy radzą sobie w nowym miejscu, cieszą się życiem, a ludzie ich szanują. Chciała powiedzieć, że choćby ich samych można wziąć za przykład. Ale Szamil już nie słuchał, odbiegł myślami gdzieś daleko, gdzie Lara bałaby się zapędzać.

– Nasi bracia i siostry wszędzie cierpią wyzysk i tyranię – powiedział nagle. – W Palestynie, w Kaszmirze, w Czeczenii, w Bośni, Afganistanie, w Iraku... Wszędzie... Wszyscy są przeciwko nam. Ale przyjdzie czas, gdy z Boską pomocą, *inszallah*, nastanie i pokój, i porządek, a sprawiedliwość i prawdziwa wiara zapanują na świecie. Tylko się trzeba o swoje upomnieć, walczyć, a nie siedzieć z założonymi rękami i zrzędzić jak baby!

Innym razem pospierali się o wioskową starszyznę, która po wyjeździe Czeczenów znów zaprowadziła w dolinie swoje rządy i porządki. Poszło o wypadek samochodowy, o którym rozprawiali w Pankisi wszyscy. Chłopak z Duisi potrącił na drodze kobietę. Krewni zawieźli ją do szpitala w Telawi i cała dolina czekała, czy przeżyje, a jeśli tak, to czy nie zostanie kaleką do końca życia. Na domiar złego okazało się, że zanim zasiadł za kierownicą, chłopak tęgo popił z kolegami. Nikt jednak nie zadzwonił na posterunek w Duisi, nie wezwał policjantów, a oni, zgodnie ze zwyczajem, nie wtrącali się w sprawy i spory Kistów, dopóki Kistowie sami o to nie poprosili. A żaden szanujący się Kist nie poszedłby na skargę na policję, wiedząc, że pohańbiłby w ten sposób i siebie, i cały swój ród. Nikt nie wezwał więc policjantów, gdy pijany chłopak przejechał w Duisi kobietę. Znaczyło to, że całą sprawą zajmie się starszyzna, po swojemu. Szamil nie mógł się z tym pogodzić. Oburzał się, że rodzina chłopaka zapłaci potrąconej kobiecie ustalone przez starszych odszkodowanie i łajdak wykręci się sianem.

– Nawet prawa jazdy mu nie odbiorą. A co, jeśli za miesiąc znowu się upije i kogoś przejedzie? W mamrze by posiedział, to zaraz by zmądrzał.

– A słyszał kto, żeby człowiek lepszy z więzienia wyszedł? – odparła Lara. – A co z takiej kary pokrzywdzony będzie mieć? Że dwóch zamiast jednego będzie miało życie złamane?

– Przestępców tylko w ten sposób chronicie, węże na własnych piersiach chowacie. A przecież w Koranie wszystko jest napisane. Co i jak ma być, od początku do końca. Jak jest wina, to i kara za nią musi być.

– Już tam nasi starsi wiedzą, jak się tym zająć i rozsądzić szybko i sprawiedliwie. I pieniędzy żadnych nie trzeba płacić. Najważniejsze, żeby żyć w zgodzie i pokoju, a nie tracić życia na zemstę.

Wśród kaukaskich górali dochodzenie sprawiedliwości przez zemstę nie było przywilejem, lecz wymogiem. Rodzina zabitego musiała zwrócić się do rady starszych, by ta pozwoliła odebrać życie zabójcy. Złoczyńca i jego bliscy też mogli dochodzić swego przed radą starszych, bronić się, dowodzić niewinności, przysięgać na Koran albo prosić o rękojmię rodaków, cieszących się nieposzlakowaną opinią. Ale wyrok, jaki wydawała w końcu starszyzna, był niepodważalny i ostateczny. Jeśli uznała, że zbrodnia została popełniona, a winowajca zasługuje na śmierć, ocalić mogła go już jedynie ucieczka. Jego krewnym pozostawało tylko wyprzeć się go, wydać mścicielom i prosić starszyznę, by śmierć zabójcy i spalenie jego domu były wystarczającym zadośćuczynieniem za przelaną krew i żeby oszczędzić jego najbliższych i potomków. Czasami jednak zdarzało się, że morderca umierał, zanim dokonano na nim zemsty. Wtedy nic nie dawało się już zrobić i za niecne postępki ojca musieli odpowiadać jego synowie, a nierzadko i wnuki. Prawo zemsty, wywieranej nie tylko na sprawcach zbrodni, ale na całych ich rodach, miało swoją odstraszającą mocą chronić ludzi przed pokusą czynienia zła i krzywdzenia innych.

Ale nawet to najsurowsze z górskich praw okazało się niewystarczające do przezwyciężenia słabości ludzkiej natury i z czasem, żeby powstrzymać przelew krwi, kaukaskie starszyzny zaczęły wprowadzać nowe zwyczaje. Śmierć i krzywdy zaczęto przeliczać na wartość krów albo owiec i w nich wyznaczać wysokość odszkodowania za śmierć, kalectwo czy rany. Zachęcano też rodziny pokrzywdzonych, by godziły się na taką zapłatę, zamiast upierać się przy rozrachunku w krwi złoczyńcy.

Wyliczono więc, że śmierć można odkupić siedemdziesięcioma sztukami bydła, a dziesięć krów będzie wystarczającą grzywną za zranienie kogoś kindżałem lub strzałem ze strzelby. Szkodę wynikającą z zadania rany kobiecie oszacowano jednak tylko na tuzin owiec, trzy krowy albo równowartość półtora byka, które wśród kaukaskich górali ceniono prawie dwukrotnie wyżej niż jałówki. Z wysokości zasądzanych przez starszyznę grzywien wynika, że życie mężczyzny było dla niej trzykrotnie ważniejsze i cenniejsze niż życie kobiety.

Zapłatę z trzydziestu krów wyznaczono jako karę za oślepienie, dwadzieścia pięć trzeba było dać za pozbawienie prawej ręki, a dwadzieścia dwie za odrąbanie lewicy. Za każdy wybity ząb przychodziło płacić jedną krowę odszkodowania, tyle samo co za mały palec u dłoni. Za palec środkowy trzeba było już jednak zapłacić trzy krowy (tyle, co za zranienie kobiety), a za kciuk należało się aż pięć.

Wysokość kary za kradzież ustalono na siedmiokrotność wartości zrabowanych przedmiotów. Odszkodowania można było płacić w naturze, sztukami bydła lub owcami, w gotówce albo beczkami miodu, służącego w górach nie tylko do jedzenia i leczenia niektórych chorób, ale też do mumifikowania zmarłych, jeśli śmierć przychodziła po nich upalnym latem.

Lara uważała, że okup, odkupienie krzywd i przebaczenie są lepsze niż zemsta, że wszystko, wszystko jest lepsze niż zabijanie, cierpienie, rozpacz, nieutulona tęsknota i rozpaczliwa pustka, jaką śmierć po sobie zostawia. „Żyć trzeba! Żyć – nie umierać" – powtarzała raz za razem, przy każdej okazji, bez końca, przeczuwając, że ta oczywista według niej prawda nie dociera do ludzi. Nie rozumiała, dlaczego byli na nią głusi, dlaczego tak trudno było im to zrozumieć?

– Dla jednych pokój, dla drugich niewola – powiedział na to Szamil. – Ci, którym wygodnie i dobrze, chcą, żeby tak już zawsze było. I żeby nikt nie próbował niczego zmieniać, wołają w kółko: pokój! pokój jest najważniejszy! A co mają powiedzieć ci, którym dobrze wcale nie jest? Dla nich pokój oznacza tylko, że nic się nie zmieni i jak byli na dnie, tak na dnie pozostaną. I dziwić się im, że dla nich ten pokój nie jest wcale najważniejszy?

– Przestań, nie chcę słuchać o wojnie – przerwała.

– Dlaczego? – udawał tylko zdziwienie. – Walczyć i oddać życie za wiarę to święty obowiązek każdego muzułmanina. Nie wystarczy tylko wierzyć, żeby zasłużyć sobie na zbawienie. To byłoby nawet wygodne!

Wiedział, że każda wzmianka o wojnie wyprowadza matkę z równowagi. Nie mogła słuchać, jak opowiada o śmierci, męczeństwie. Kiedyś ochroniła ich przed wojną, a teraz zachodziła w głowę, czy jednak nie byłoby lepiej, gdyby ją zobaczyli na własne oczy, poczuli na własnej skórze. Szamil nie mówiłby wtedy o niej z taką tęsknotą w głosie. Wojna nie uwiedzie nikogo, kto ją widział i przeżył. Pociąga tylko tych, którzy nie wiedzą, jaka jest naprawdę.

– Nie mów mi o wojnie – prosiła syna.

Ale Szamil chciał o niej rozmawiać. I chciał się dowiedzieć, jak zginął Gełajew, czeczeński komendant, który zjawiwszy się z partyzantami w dolinie, objął w niej faktyczne rządy. Kistowie wielbili go, mieli za bohatera, półboga. Kiedy zginął w górskiej zasadzce w dolinie, zapanowała żałoba, jakby to umarł najwybitniejszy z jej mieszkańców.

– Ja tam nic nie wiem – ucięła krótko, choć to na prowadzonej przez Gełajewa wyprawie wojennej zginęli jej bracia. – Idźcie z tym do Omara. Omar wam o tym najlepiej opowie.

Lara kiwała się leciutko na krześle, rytmicznym, monotonnym ruchem. Z sąsiedniej sali dobiegały radosne krzyki dzieci; świętowano czyjeś piąte urodziny. Plama słońca, w której siedzieliśmy rano, dawno minęła nasz stolik i powędrowała dalej. Było popołudnie.

– Tak, tak. – Lara powiedziała to prawie beznamiętnie, z jakąś udręczoną pokorą, jak ktoś, kto przyjmuje sprawiedliwy wyrok. – Sama ich wysłałam do Omara. Na dziesięć dni przyjechali, a ja ich do niego wysłałam. Ale sobie pomyślałam, że to może ich do reszty zniechęci do wojny, zobaczą, co może zrobić z człowiekiem, jak bardzo go zniszczyć. Żeby nie myśleli, że to tylko bohaterstwo, męczeństwo i sprawiedliwość. Wszystko, co robiłam, miało ich odciągnąć od wojny i wszystko, co zrobiłam, ich do niej popchnęło. To pewnie i tak było im pisane, ale dlaczego moimi rękami?

Choć wylizał się z ran i wyrwał się śmierci z rąk, Omar nie wrócił do świata żywych. Ludzie w dolinie powiadali, że choć żył wśród nich, to jednak nie z nimi, że zbyt blisko otarł się o śmierć, żeby wrócić naprawdę. Nie można przekroczyć granicy między życiem a śmiercią, żyć dalej i nie zapłacić za to ceny.

Wyprowadził się z domu Lary i wrócił do krewnych w sąsiedniej wiosce Birkiani, u których zwolniło się miejsce po wyprowadzce czeczeńskich uchodźców. Ale nie zabawił tam długo. Był jakiś odmieniony, nieobecny, jakby na niczym mu nie zależało. Ludzkie sprawy przestały go obchodzić, obojętne były mu sąsiedzkie spory, kłopoty, bieda, niesprawiedliwość, jaka spotykała ludzi ze strony urzędników, sędziów, policjantów. Ale także ich radości. Sprawiał wrażenie, jakby nie przeszkadzała mu ani zemsta, ani przebaczenie, ani wojna, ani pokój. Nie miał swojego zdania w żadnej z tych spraw. Kiedyś wyrażał je jak każdy, ale to było dawno, jakby we wcześniejszym wcieleniu. Teraz nie czuł potrzeby, żeby wypowiadać się w jakiejkolwiek sprawie. No, chyba że w kwestii pogody, dobrej pory na zbieranie kasztanów albo przeganianie krów i owiec z połoniny na połoninę. Na wszystko odpowiadał dobrotliwym uśmiechem, z jakim doświadczeni dorośli odpowiadają dzieciom, które jeszcze nic nie przeżyły, nic nie wiedzą. Czasami mówił coś cichym, ledwie słyszalnym głosem, ale słów trzeba się było domyślać, a czasem były zupełnie niezrozumiałe. Aż wreszcie któregoś dnia wyniósł się w góry, gdzie żył samotnie, wypasając wioskowe stada krów, owiec i kóz.

Tam go właśnie spotkałem w pasterskim obozowisku w górach, gdzie mieszkał, odkąd rozstał się z ludźmi. Był październik, pora zbierania kasztanów, ostatniej z jesiennych robót. Kiedy i ona mijała, Kistowie w dolinie szykowali się już tylko na zimę.

Obóz pasterzy leżał na niewielkiej polanie wśród stuletnich drzew. Poza Omarem przebywało tu jeszcze kilkanaście rodzin zbierających po lasach kasztany. Pakowano je w wielkie mocne worki i co parę dni odstawiano do doliny końmi albo na skrzyniach starych ciężarówek, którymi mieszkańcy wiosek wyprawiali się w góry ścinać drzewa na opał i zwozić budulec na sprzedaż.

Zbieracze i pasterze mieszkali w brezentowych namiotach i w szałasach. Omar, niewysoki, szczupły i żylasty, w wojskowej kurtce i żołnierskich butach, mieszkał we własnej chałupie, którą pobudował sobie w lesie. Pomogli mu w tym chłopi ze wsi, oddając, co im zbywało w obejściach, a co mogło się nadać do domu. Deski, stare drzwi i okna, szyby, meble. Z elektrowni nad rzeką przyciągnęli ciężarówką niewielki kontener, w którym przed laty mieszkali robotnicy remontujący zaporę. Posłużył Omarowi za szkielet domu.

Byłem ciekaw, jak wygląda człowiek, który wyrwał się śmierci, i tego, w jaki sposób go odmieniła, ale Omar wyglądał zwyczajnie, nie było w nim nic niezwykłego. Wycofany, jakby zawstydzony, pobłyskiwał w uśmiechu złotymi zębami. Jednak ludzie, zarówno młodzi pasterze, jak i starsi, przybyli tu na zbiór kasztanów, słuchali go i bez szemrania wypełniali wszystkie polecenia rzucane cichym, ledwie słyszalnym głosem. On był tutaj gospodarzem i wszystkim zawiadywał.

Co dwa, trzy dni wspinał się wyżej w góry, na większą polanę, stawał na zwalonym przez wiatr dębie i stamtąd łowił telefonem komórkowym zasięg. Sprawdzał, kto przez ostatnie dni do niego dzwonił i w jakiej sprawie, jakie wiadomości zostawił na automatycznej sekretarce. Zwykle chodziło o juczne konie, które Omar posyłał z gór do miejsca przeprawy przez rzekę, żeby zabrały stamtąd do obozowiska całe zaopatrzenie, żywność, ubrania, narzędzia. Wodę noszono z górskich strumieni. Czasami dzwoniono do Omara z doliny, żeby zapowiedzieć gości, cudzoziemskich turystów, którzy odwiedzali dolinę i życzyli sobie zostać na noc wśród pasterzy, posłuchać przy ognisku opowieści Omara.

Wiosną i latem w obozie na polanie żyli wraz z Omarem młodzi z doliny, podsyłani mu do pomocy przy krowach, owcach i koniach. Wyrabiali też sery, a także filc z owczej wełny na koce, derki, ciepłe ubrania i czapki. Niektórzy pozostawali w górach całymi miesiącami, inni wymieniali się po kilku tygodniach. Poza szkołą i pracą w domowych gospodarstwach innego zajęcia dla młodych w dolinie nie było. Przyjmując ich na swojej polanie, Omar poznał większość Kistów z wiosek nad rzeką. Do jego obozowiska młodzi przybywali nie tylko do pracy, ale również po to, by wyrwać się spod nadzoru starszych i przy ognisku spędzić miło czas z rówieśnikami.

Kiedy mijała pora na kasztany, Omar zostawał w górach sam. I gdyby mógł, mieszkałby tam przez całą zimę. Do doliny spędzały go wyjątkowo silne zamiecie, które potrafiły pokryć polany i leśne drogi kilkumetrową warstwą śniegu. Nie dawało się wtedy dojechać na polanę konno ani ciężarówkami, nie sposób było przebrnąć przez zaspy pieszo. Schodził wtedy do wsi, do krewnych z Birkiani, ale jak tylko pogoda się poprawiała, wracał w góry.

Przyjechałem do obozu pasterzy w południe. Późno. Polana, cicha i zacieniona, wydała mi się bezludna. Nawet pasterskie szałasy pod drzewami dostrzegłem dopiero wtedy, gdy wzrok przywykł do brudnej, pożółkłej zieleni leśnego poszycia.

Pod wieczór do obozowiska zaczęli ściągać ludzie, zbieracze kasztanów objuczeni wypchanymi workami, pasterze spędzający na noc pękate krowy. Wraz z nimi na polanie pojawiły się wielkie psy, owczarki, których Omar trzymał w górach całą gromadę, żeby strzegły stad przed wilkami i niedźwiedziami.

Kobiety rozpaliły ogień w kuchniach i zakrzątnęły się wokół kolacji, popędzając dzieci, żeby zabrały się do zaganiania zwierząt do zagrody. Mężczyźni przysiedli przed domem Omara na kłodach ustawionych wokół kamiennego paleniska. Młodzi ruszyli do lasu po połamane konary na ognisko.

Zjawił się i Omar. Usiadł przed domem wśród mężczyzn i ciął przywiezione z doliny mięso na szaszłyki. Kroił je nożem na małe kawałki, które nadziewał na wystrugane z gałęzi rożna. Kiedy pasterze rozpalili ognisko, Omar, opędzając się od gryzącego dymu, ustawiał nad ogniem rożna, doglądał mięsa, a kiedy uznał, że szaszłyki są gotowe, rozdzielał je między siedzących w kręgu. Odgarnął na bok żar i wrzucił do niego pełne garście kasztanów.

– Smakują wybornie, jak się dobrze uprażą. Wszystko dobre, co dla ludzi dobre – powiedział wpatrzony w ognisko, a zebrani wokół niego pasterze obrzucali się pytającymi spojrzeniami, próbując odgadnąć, czy Omar tylko zabawia gościa, czy też może zaczyna właśnie którąś ze swoich opowieści.

Nadstawiali ucha, bo w historiach, które snuł przy ognisku, dopatrywali się jakiejś głębszej prawdy, odpowiedzi na najważniejsze pytania albo życiowej podpowiedzi dla siebie. Mieli go trochę za pustelnika i mędrca, który z powodu własnych kolei losu i zebranych doświadczeń przybliżył się do spraw, które zwyczajni ludzie uznają za niepojęte.

Był człowiekiem raczej małomównym. Potrafił nie odzywać się całymi dniami, zamyślony i bardzo daleki. Ludzie mówili wtedy, że pewnie przypomina mu się ta droga, jaką przebył, ze świata żywych do martwych i z powrotem. I że nie wolno mu wtedy przeszkadzać, żeby w tej wędrówce nie pogubił się i odnalazł właściwe przejście.

Po tym jak został ranny podczas zimowych walk o Grozny, przeleżał trzy dni pośród trupów na placu Minutka. Pociski, które go podziurawiły, uszkodziły kręgosłup i pozbawiły go władzy nad ciałem. Stracił przytomność, a kiedy ją odzyskał, nie mógł się poruszyć, nic nie czuł, nawet bólu. Nie potrafił też wykrztusić słowa, wydać żadnego dźwięku. Słyszał za to wszystko dookoła, choć niewyraźnie, jakby z daleka, przytłumione szumem. No i nie stracił wzroku, ale nie mogąc poruszyć głową, widział tylko to, co miał przed sobą.

Nie od razu pojął, że leży wśród trupów. Cały czas było ciemno, na przemian szarówka i pełen mrok. Pomyślał, że jest w jakimś pomieszczeniu, może piwnicy. Słyszał wokół siebie głosy ludzi i dobiegające z dala grzmoty wybuchów, strzały. Coś przynosili, składali obok. W pewnej chwili usłyszał, jak ktoś mówi, że nie można dłużej czekać i trzeba zacząć grzebać zabitych. „Ziemia zmarznięta" – powiedział ktoś inny. „Jak się rozpali ogień, to mróz trochę puści. Albo rozkuć łomem podłogę w piwnicy i tam wykopać dół" – odparł pierwszy głos. Omar zrozumiał wtedy, że biorą go za nieżywego i że zaraz pogrzebią z trupami. Złożą go do wykopanego w piwnicy dołu, przywalą trupami i żywcem zakopią. Poczuł, że przechodzi go ziąb. Zdziwiło go to, bo skoro nie czuł bólu, skąd miałby wziąć się chłód? Może był to ten strach, o jakim opowiadają, że przychodzi tuż przed śmiercią, kiedy już wiadomo, że nadchodzi i nic jej nie powstrzyma, a człowiek nie jest jeszcze na nią gotowy, jeszcze by pożył, jeszcze ma do załatwienia tyle spraw. Pomyślał, że przeżyje, jeśli nie zamknie oczu. Tylko w ten sposób, przyciągając czyjś wzrok i odpowiadając spojrzeniem, mógł wyrwać się śmierci. Bał się, że zaśnie, straci przytomność, a wtedy wszystko przepadnie, nie będzie znikąd ratunku. Żeby odpędzić zmęczenie, odtwarzał w myślach całe swoje życie, rok po roku.

Przeraził się, kiedy nagle poraziło go światło. Tak jak nagle zabłysło, tak zgasło. Wpadł w rozpacz, że jednak przysnął, przegapił tę jedyną chwilę. Ale światło wróciło, przesuwało się, raz bliżej, raz dalej, lecz nie gasło. Zauważył, że źródeł światła było kilka. Wyglądało, jakby świecono latarkami. Słyszał głosy ludzi, ale całą uwagę skupił na świetle, jakby siłą woli chciał ściągnąć jego snop na siebie. Przemknął niedaleko, niemal prześliznął mu się po twarzy, zniknął, ale zaraz wrócił. Omar czuł, wiedział, że zatrzyma się na jego twarzy. Podrażniony blaskiem zamrugał oczami, ale zaraz otworzył je najszerzej jak mógł. Oślepiony nic nie widział, ale wyraźnie usłyszał: „Tu się jeden jeszcze rusza! Jeden żywy!".

Zabrali go z trupiarni, wynieśli nocą z miasta na noszach i powieźli do Gruzji, do szpitala. Wiedział, że jest ocalony, że przeżyje, wszystko będzie dobrze. Ale wciąż się nie ruszał, nic nie czuł, a lekarz powiedział, że może już pozostać sparaliżowany do końca życia. Z początku nie wierzył, ale z każdym mijającym bez żadnej poprawy dniem bardziej poddawał się zwątpieniu, przestawał walczyć. I kiedy już się prawie poddał i modlił, skomlał w myślach o śmierć, której raz się już wyrwał, odzyskał czucie w prawej dłoni, zaczął poruszać palcami. Lekarze zbierali się nad nim, zadziwieni. „To prawdziwy cud – kiwali głowami. – To dowód, jak bardzo pragnął żyć".

A Omar wracał do zdrowia, odzyskiwał władzę nad ciałem, aż wreszcie lekarze uznali, że na dobre wrócił do świata żywych i nie wymaga ich opieki. Wypisali go ze szpitala, kazali o siebie dbać i dobrze się odżywiać. Zapytali, czy ma się gdzie podziać w mieście, a kiedy zaprzeczył, poradzili, żeby pojechał do doliny Pankisi, do swoich. I tak trafił do domu Lary.

Mówił sobie, że jak tylko nabierze sił, dołączy do oddziału, do partyzanckiego wojska Gełajewa. Zanim wydobrzał na tyle, by myśleć o wędrówce przez góry, Gełajew wyruszył do Abchazji, gdzie wpadł w zasadzkę. Potem, górami, przedostał się do Inguszetii i tam znów został pobity przez Rosjan. Ciężko ranny, zapadł się na parę miesięcy jak pod ziemię. Nie minął rok, a po aułach i dolinach rozeszły się wieści, że werbuje nowy oddział i że wraz z nim chce się przebić do Czeczenii i Dagestanu, stamtąd prowadzić wojnę. Omar ucieszył się, bo wyglądało na to, że Gełajew chce walczyć zaraz za miedzą, najwyraźniej chciał mieć w pankiskich wioskach Kistów bezpieczne zaplecze, kryjówkę na zimę. Omar czekał tylko chwili, kiedy partyzanci zejdą do doliny. Chciał się do nich przyłączyć, był gotów.

Gełajew nie wrócił jednak do doliny. W środku zimy przebijał się z niewielkim oddziałem przez góry, wracał z wyprawy z Czeczenii do Dagestanu. Stamtąd zamierzał ponoć przeprawić się na gruzińską stronę, do Pankisi, ale zaskoczyło go rosyjskie wojsko. Partyzanci poszli w rozsypkę, lecz nie mieli szans wyrwać się z obławy. Gełajew zginął w samotnej walce w górach.

– Ktoś go musiał wydać. Zawsze jest jakiś zdrajca – powiedział Omar, kiedy rozmowa przy ognisku zeszła na partyzanckich komendantów, których znałem jako dziennikarz. Omawialiśmy, który i w czym był lepszy od innych.

– Ilu to ich było?! A jeden lepszy, dzielniejszy od drugiego – dumał Omar. – Maschadow, Basajew, Gelischanow, Radujew, Israpiłow, Umarow, Barajew... Ale dla mnie najlepszy z nich wszystkich był Gełajew. Maschadow miał doświadczenie jako zawodowy artylerzysta, Basajew i Radujew byli niezrównani w brawurze. Ale tylko Gełajewowi ufałem i tylko jemu mogłem życie powierzyć. Do nikogo innego iść na służbę nie chciałem. Człowiek idzie pod czyjąś komendę, zabija i gotów jest dać się zabić, o niczym nie myśli, niczego nie wie. A potem się okazuje, że to wszystko było na darmo, że nadstawiał łeb tylko w jakiejś grze, dla czyjejś korzyści. Wszędzie zdrada, oszukaństwo... tylu dobrych ludzi poginęło... wszystko nadaremnie.

Stracił całą wiarę i nie zaciągnął się już do żadnego oddziału, nie powędrował na żadną wojnę. Życie wśród ludzi stało się dla niego nie do zniesienia. Tak trudne, że w końcu wyniósł się w góry i odtąd żył w pasterskim obozowisku na polanie.

– Jaki był Chamzat? – Omar i wszyscy inni w dolinie nazywali czeczeńskiego emira imieniem, jakie przyjął podczas pielgrzymki do Mekki. – Czasami się zdarza, że spotykasz człowieka, któremu najchętniej oddałbyś w ręce własne życie, bo wiesz, że zrobi z niego lepszy użytek. Chcesz, żeby to on mówił ci, co masz robić i jak żyć. Chamzat był właśnie kimś takim.

Gełajew cieszył się sławą nie tylko w dolinie Pankisi i w Czeczenii, ale na całym Kaukazie, od Derbentu po Soczi, jak dawni imamowie, przywódcy powstań. Mawiano o nim, że ilekroć na Kaukazie dochodziło do wielkich bitew lub zuchwałych zbrojnych rajdów, zawsze wśród ich bohaterów pojawiało się nazwisko Gełajewa. Nie wiadomo, co robił ani kim myślał zostać, zanim zawładnęła nim wojna. Wchodził dopiero w dorosłe życie, gdy wielkie imperium Rosji zaczęło się rozpadać, a na uwolnionym spod jego kontroli Kaukazie prowincje, województwa i doliny zaczęły ogłaszać niepodległość, wytyczać nowe granice.

Dał się porwać gorączce, jak wielu innych, młodych, zapalczywych, nie mających pojęcia o świecie. Na wezwanie czeczeńskiego prezydenta zgłosił się do niego na służbę, zapisał do jego wojska. Wkrótce miało się okazać, że nadawał się do tego jak mało kto. Talentem do wojaczki wyróżniał się od początku i szybko zwrócił na siebie uwagę prezydenta, który właśnie zamierzał posłać swoich najlepszych żołnierzy na ościenne wojny, by zaprawili się w walce, zanim przyjdzie im toczyć ją we własnym kraju. Gełajew pojechał wesprzeć Abchazów, którzy wydali wojnę Gruzinom i chcieli utworzyć własne, odrębne państwo. Pomoc czeczeńskich ochotników bardzo się przydała. To głównie dzięki nim, a także Rosji, Abchazom udało się pokonać Gruzinów. W podzięce, zgodnie z wojennym zwyczajem, pozwolili Czeczenom przez trzy dni łupić zdobyte przez nich Suchumi. Po latach, kiedy bijąc się z Rosjanami, musiał korzystać z gruzińskiej gościny w dolinie Pankisi, bardzo żałował, że dał się wplątać w abchaską awanturę, która okazała się fortelem rosyjskiego wywiadu, mającym na celu pognębić hardych Gruzinów i skłócić ze sobą kaukaskich górali.

Zdobył jednak doświadczenie bojowe i po powrocie do kraju został jednym z najważniejszych i najbardziej zaufanych komendantów czeczeńskiego prezydenta. Dowodząc własnym oddziałem, składającym się z weteranów abchaskiej wojny, tłumił rokosze wzniecane przez prezydenckich nieprzyjaciół, a kiedy Rosja najechała Czeczenię, tak mężnie walczył we wszystkich najważniejszych bitwach, że na placu boju sam więcej był wart niż połowa partyzanckich komendantów razem wziętych. Grozny, Argun, Samaszki, Bamut, Gudermes, Szatoj. Tam gdzie się pojawił ze swoim oddziałem, rosyjskie wojska ponosiły najcięższe straty. W górach wraz z arabskim komendantem Chattabem zastawił pułapkę na potężną rosyjską kolumnę pancerną. Rozgromili ją w niecały kwadrans, zabijając ponad setkę żołnierzy. Największy rozgłos przyniósł mu jednak zuchwały rajd na okupowaną przez Rosjan stolicę, Grozny. Partyzanci zajęli miasto i zmusili Rosjan do przerwania wojny i do rozmów. Jako pierwszy z partyzanckich emirów został odznaczony najwyższym czeczeńskim orderem „Duma narodu".

– Służyć w oddziale Chamzata to było największe wyróżnienie. Byliśmy elitą, śpiewano o nas pieśni. – Kiedy Omar wspominał tamte dni, na jego twarzy pojawiał się pobłażliwy uśmiech, jakby nie dowierzał, że ta część jego życia wydarzyła się naprawdę i że wciąż zachował do niej prawo. – W oddziale Chamzata nikt nie rabował, nikt nie podnosił ręki na cywilów. Nawet nie brało się jeńców dla okupu.

Podczas dwuletniego zawieszenia broni, kiedy zwycięscy emirowie skakali sobie do oczu, by wyrwać dla siebie jak najwięcej władzy, stanowisk i przywilejów, Gełajew jako jedyny z wojennych bohaterów nie rozmienił swojej sławy na drobne. Nie brał udziału w sporach ani politycznych intrygach, nie zabierał się do podejrzanych interesów, trzymał z dala od wybuchających co chwila bratobójczych walk. Starał się z nikim nie wchodzić w konflikt, za to ze wszystkimi żyć w przyjaźni. Zaraz po wojnie poprzysiągł, że nie weźmie więcej karabinu do ręki, chyba że znów przyjdzie bronić kraju przed najazdem Rosjan. Pozostał wierny swojej obietnicy nawet wtedy, gdy Czeczenia stanęła na progu wojny domowej. Odmówił przyjęcia posady ministra obrony, twierdząc, że obejmując ją, prędzej czy później będzie musiał się zwrócić przeciwko swoim towarzyszom i braciom. Odtrącił władzę i zaszczyty, przeżył duchowe nawrócenie, pojechał na pielgrzymkę do Mekki. Czeczeni, rozczarowani wywalczoną wolnością, która przepoczwarzyła się w bezprawie i sobiepaństwo emirów, coraz częściej i tęskniej zwracali wzrok ku Gełajewowi, coraz częściej przywoływali jego imię. Widzieli w nim człowieka surowego, ale skromnego i uczciwego, prostego mudżahedina, stroniącego od tytułów, bogactwa i sławy. Ostatniego sprawiedliwego, ostatnią deskę ratunku.

– Ludzie widzieli w nim abreka – powiedział Omar, a młodzi pasterze wokół ogniska nadstawili uszu. – Jeśli któryś z naszych emirów przypominał abreka, to właśnie Chamzat.

Niegdyś abrekami nazywano na Kaukazie wyrzutków, złoczyńców, ludzi znienawidzonych, przeklętych i niebezpiecznych. Wypędzano ich z wiosek i dolin, ponieważ zagrażali innym, nie potrafili z nimi żyć, podporządkować się ogółowi, nie chcieli przestrzegać praw i reguł, jakimi rządziła się wspólnota i dzięki którym mogła przetrwać. Krewni, przyjaciele i sąsiedzi wyrzekali się ich i wystrzegali jak trędowatych.

Wydawali na nich w ten sposób wyrok śmierci, bo w bezlitosnych górach wyklętych i pozbawionych wsparcia wspólnoty wygnańców czekała śmierć w samotności, z głodu, chłodu, choroby czy zgryzoty. Tylko nielicznym starczało sił i odwagi, by samotnie przetrwać i z dala od ludzi, z podniesioną głową czekać na śmierć, wiodąc życie banity i rozbójnika, abreka. Ale poza grozą i potępieniem w wielu budzili zazdrość, a nawet podziw, bo zdobyli się na to, by posmakować zakazanego i żyć, jak sami chcieli.

– Tych, co żyli z rozboju i cudzej krzywdy, ludzie się bali i nienawidzili. Ale współczuli nieszczęśnikom, których na taki los skazał splot fatalnych okoliczności. Zwykle była to przelana krew, za którą czekała ich zemsta. Ale mogła być także miłość, gdy kochankom nie pozwalały się zejść ich rodziny. – Czasami Omar milkł i wpatrywał się w trzaskające iskrami ognisko. Najpierw myślałem, że szuka odpowiednich słów, ale gdy machinalnie wracał do urwanych wątków, zrozumiałem, że snuje tę opowieść i powtarza ją od tak dawna, że niczego nie musi sobie przypominać. – Nic, tylko tułać się po górach, wśród dziczy, samotnie jak jakiś pustelnik, bez przyjaciół, bez krewnych, którzy ich odrzucili. Znikąd zrozumienia ani pomocy. I tak aż do samej śmierci. Nie czuli przed nią strachu, bo tylko ona ich jeszcze czekała i tylko ona mogła ich uwolnić od cierpienia. Ludzie powiadali o nich, że umarli za życia, bo choć ich godzina jeszcze nie wybiła, to dla żywych i tak byli już straceni. Litowano się nad nieszczęśnikami, ale za swoje winy musieli ponieść karę, bo inaczej ludzie w aułach nie mogliby żyć w pokoju. Kiedy jednak w górach stanęło rosyjskie wojsko i przyniosło ze sobą wojnę, sprawy zaczęły się mieć inaczej.

Pojawienie się Rosjan – żołnierzy, carskich namiestników i gubernatorów, urzędników i kozaków, słowiańskich osadników, którzy budowali chutory i stanice na kaukaskim przedgórzu – sprawiło, że z wygnańców i potępieńców abrecy przeistoczyli się w wielbionych przez górali szlachetnych mścicieli, bohaterów i obrońców pokrzywdzonych. Jak kalifornijski „Zorro" Joaquín Murieta, karpacki Janosik czy Robin Hood z angielskiego lasu Sherwood.

Nowa, obca władza gnębiła i łupiła kaukaskich górali, abrecy zaś urządzali zasadzki i zbrojne rajdy na kozaków, na wojskowe posterunki i patrole, kupieckie faktorie, banki, a także dyliżansy pocztowe przeprawiające się przez górskie przełęcze do Gruzji. Coraz częściej w góry uciekali i wiedli życie abreków ludzie buntujący się przeciwko Rosji, a nie górale, którzy złamali wioskowe prawa i zwyczaje. A kiedy na Kaukazie zaczęły wybuchać zbrojne powstania przeciwko rosyjskim rządom, również wielu przywódców rebelii uważano za abreków. Z czasem za abreka uchodził niemal każdy, kto występował przeciwko Rosji, a w aułach ich imionami nazywano chłopców, by i oni wyrośli na nieustraszonych wojowników i bohaterów.

– Ale abrecy nie dowodzili powstaniami, nigdy nie walczyli razem z innymi, zawsze samotnie, na własną rękę – powiedział

Omar. – Chwytali za broń, kiedy inni zaczynali wątpić i gotowi się byli poddać. Wtedy pojawiali się abrecy i podejmowali nierówną walkę, nawet jeśli dobrze wiedzieli, że nie zwyciężą, a ich sprawa jest z góry stracona.

Kiedy Rosjanie po raz drugi najechali Czeczenię, uznając, że skłóceni emirowie nie będą w stanie okazać oporu, Gełajew nie wierzył w zwycięstwo, ale sięgnął po schowany dawno karabin, skrzyknął nowy oddział i stanął do wojny. Okazało się, że ma najliczniejsze wojsko, prawie dwa tysiące ludzi. Do żadnego z emirów nie zgłosiło się na służbę tak wielu ochotników. Komendanci wyznaczyli mu zadanie obrony stolicy. Ale pamiętając ich kłótnie i warcholstwo, Gełajew już nie ufał im jak dawniej.

– Wiedział, co robi. Chcieli, żeby wziął na siebie całą moc rosyjskiego szturmu, a w tym czasie oni wymknęliby się w góry. Chamzat wytraciłby ludzi, a Rosjan i tak by nie zatrzymał. Dlatego do obrony miasta zostawił tylko niewielki oddział, a sam z wojskiem wyszedł w góry, żeby tam się bić. – Omar został wyznaczony, by bronić Groznego, i został ranny podczas walk na placu Minutka. – Pozostali emirowie nigdy tego Gełajewowi nie darowali. Liczyli, że rzucą go Ruskim na pożarcie, a sami się w tym czasie uratują. A tu się okazało, że to im przyszło się bić i chować przed bombami. Ale się na nim zemścili, bo kiedy Chamzat z oddziałem stawił się na przedgórzu, skąd samochodami miał jechać w góry, na miejscu czekali już na niego Rosjanie.

Zdążył tylko okopać się w rodzinnej wiosce Saadi-Kotar. Przez kilka tygodni odpierał rosyjskie szturmy, a nocami próbował przebić się przez oblężenie. Zanim mu się to udało, stracił połowę wojska, a wieś została obrócona w gruzy. Z niedobitkami potężnej jeszcze niedawno armii uciekł w góry, ale i tam nie zastał bezpiecznych kryjówek, które inni komendanci mieli przygotować dla niego na zimę. Nie był w stanie dalej walczyć, a przywódcy powstania okrzyknęli go zdrajcą, zdegradowali z emira do szeregowca, odebrali wszystkie ordery. Niewiele myśląc, przeszedł do doliny Pankisi, zebrał tam nowe wojsko, ale dalej walczył już sam, nie oglądając się na innych.

Został wytropiony w górach z niewielkim, trzydziesto-, czterdziestoosobowym oddziałem. Rosjanie zastawili pułapkę, nadleciały śmigłowce. Partyzanci poszli w rozsypkę, ale w śniegu nie mieli szans na ucieczkę. Cały oddział został wybity prawie do nogi. Ledwie kilku przeżyło obławę, lecz i oni zostali wzięci do niewoli. Gełajew zginął, trafiony z pokładowego działka. Pocisk oderwał mu ramię, zmarł z upływu krwi. Wzięci do niewoli partyzanci rozpoznali trupa, ale Rosjanie nie oddali ciała rodzinie, lecz pogrzebali je w nieoznakowanym miejscu, jak ciała innych czeczeńskich emirów.

– Poległ męczeńską śmiercią w samotności, tak jak powinien ginąć abrek. Nie miał przyjaciół, bo nie miał sobie równych. A przyjaźń może się zrodzić tylko między równymi. Prawdziwi bohaterowie są zawsze samotni, a ich życie naznaczone jest tragedią – powiedział Omar, a wszyscy przy ognisku pojęli, że to już koniec opowieści. – Mogłoby się wydawać, że są skazani na klęskę, bo kto by pokonał nieprzyjaciela po stokroć silniejszego? Prawdziwym zwycięzcą jest jednak nie ten, kto wygrywa w bitwie, lecz kto w niej ginie dumnie i pięknie. Takim wieczna chwała i spokój, i własne miejsce na ziemi.

Zamilkł i przy ognisku zapadła cisza. Sześć lat wcześniej w pasterskim obozowisku na polanie tę samą opowieść Omara usłyszeli synowie Lary Szamil i Raszid.

Wkrótce wrócili do Europy, a następnego roku przyjechał tylko Raszid. Dowiedziawszy się, że tym razem starszy syn jej nie odwiedzi, Lara pomyślała, że to może przez nią, przez to, co mówiła podczas jego pobytu. Wypominała mu, że nic mu się nie podoba, że na wszystko wybrzydza. Nie chciała słuchać tych jego kazań o wojnie, słusznej sprawie, mudżahedinach i zbawieniu, a może powinna była okazać większą cierpliwość, pozwolić mu się wygadać. W końcu to tylko słowa, a dla niego były widocznie ważne. Może go tym zraniła, może poczuł się odepchnięty. Przeraziła się, że go straciła i że więcej już do niej nie wróci.

Odtwarzała w myślach rozmowy, jakie prowadzili przez telefon i przez komputer. Próbowała sobie przypomnieć słowa, których używał, ton głosu, wyraz twarzy. Kiedyś wydawało się jej, że choć bywał skryty, potrafi go przejrzeć i że go zna jak samą siebie. Odkąd jednak wyjechał, stał się dla niej zagadką.

Tak więc Raszid przyjechał sam i Lara już pierwszego dnia zapytała go, czy i on widzi, jak bardzo zmienił się Szamil, i czego mu brakuje w tej Europie, że bez końca rozprawia o religii i o wojnie? Raszid wzruszył ramionami i powiedział, że nie dostrzegł w zachowaniu brata nic niepokojącego. A że nie zawsze jest ze swojego życia zadowolony? A kto jest? Najważniejsze, że znajduje pociechę w meczecie. I wśród znajomych, których poznał dzięki kontaktom nawiązanym przez internet. Zapytała, jak to się robi. Odpowiedział, że można tam spotkać i poznać ludzi, którzy myślą podobnie, którym to samo się podoba i których to samo drażni. Można porozmawiać, wyrzucić, co leży na sercu, poradzić się. Jak w życiu, tylko bez wychodzenia z domu. Teraz tak się poznaje ludzi. To lepsze niż brak bratniej duszy i poczucie, że jest się na świecie samotnym jak palec.

– Ma przecież nas – powiedziała, wciąż niespokojna i czujna. – Ja jestem daleko, ale ciebie ma pod ręką. Co się liczy bardziej niż rodzina?

– No przecież właśnie przez rodzinę nie przyjechał – odparł ze śmiechem.

Wiedziała, że Szamilowi urodził się drugi syn, któremu dał na imię Raszid, po bracie. Chłopiec przyszedł na świat przed terminem, słabszy, chorowity. Szamil postanowił zostać z rodziną, pomóc żonie. Dlatego odwołał podróż na Kaukaz.

Raszid spędził w dolinie dwa tygodnie, a jego pobyt upłynął spokojniej i zwyczajniej niż pierwsza wizyta, sprzed roku, kiedy przyjechali obaj. A kiedy go żegnała na lotnisku, nie czuła już rozpaczy towarzyszącej rozstaniom. Była pogodna, żartowała, czas spędzony z synem rozwiał rozterki i lęki. Odprowadziła go do samolotu jak do autobusu do Ahmety czy Telawi, a nie na koniec świata i Bóg jeden wie na jak długo. Wiedziała, że wróci, że obaj będą wracać. A przynajmniej, że jest to możliwe.

Nie wyglądała następnych wakacji, nie odliczała dni w kalendarzu. Nie zamartwiała się, kiedy mówili, że nie przyjadą. Wciąż im coś wypadało, jak to w życiu. Raszid się ożenił, urodził mu się syn, a potem drugi. A niedługo po tym, jak przyszedł na świat trzeci syn Szamila, Raszid powiedział jej przez telefon, że i jego żona znów spodziewa się dziecka, i że znów będzie to chłopiec.

– A ty we wszystkim musisz naśladować brata! – zażartowała. – I same wnuki, żeby choć jedna dziewczynka! Wojna będzie czy co?

– Myśmy jeszcze nie skończyli – zaśmiał się Raszid.

Powiedział, że jeszcze nie zdecydowali z żoną, jak nazwą syna, ale Szamil postanowił dać swojemu najmłodszemu własne imię.

– Dobrze wymyślił – powiedziała. – Teraz to nawet jak się zestarzejecie, ja dalej będę miała małego Szamila i małego Raszida.

Rozumiała, że nie odwiedzali jej teraz w dolinie. Wiadomo! Większa rodzina to i koszta większe, a żadnemu się nie przelewało.

Nieraz mówili, że w Europie życie tanie nie jest. Prosiła nawet, żeby nie przysyłali jej już pieniędzy, że sobie poradzi, we wsi ludzie zginąć nie dadzą. Obiecywała, że to ona do nich przyjedzie, do Europy, w domu pomoże, nacieszy się wreszcie wnukami. Pojedzie, pewnie, że pojedzie. Jak tylko zbiorą jabłka i winogrona, jak z lasu przywiozą im drewno na opał na zimę, jak dziadek wydobrzeje, bo chorował ostatnio na płuca, jak tylko trochę grosza odłoży.

Widywali się na ekranie komputera, a jeśli w dolinie Pankisi zawodziła łączność albo brakowało prądu, rozmawiali przez telefon. Rozumieli, że inaczej się nie da, to musiało wystarczyć. Ot, życie, takie to ono i jest. Najważniejsze, że się nie pogubili w świecie. Zapomniała o wszystkich lękach i złych myślach, które budziły ją w nocy, płoszyły sen. Przestała nawet zwracać uwagę na gorycz Szamila, któremu dalej zdarzało się narzekać na życie, że mu schodzi na niczym, bezużytecznie. Nic nie mówiła, bo się na nią złościł, jak próbowała go pocieszać, tłumaczyć, ile osiągnął, że wielu ludzi zazdrościłoby mu tego, co jemu nie wystarcza. Tłumaczyła sobie, że ma na głowie rodzinę, cały dom na utrzymaniu, to i trosk mu przybyło. Prawdę mówią, że nic tak nie dokłada trosk jak własne dzieci. A przecież nikomu nie jest łatwo z młodego dorosłym się stać.

Nawet nie zauważyła, jak zleciały cztery lata, odkąd Szamil z Raszidem odwiedzili ją w dolinie. Wcale nie czuła ciężaru rozłąki. Zajmowała się domem, chodziła do domu kultury w Duisi śpiewać z innymi kobietami stare pieśni Kistów. Któregoś dnia do wsi przyjechali cudzoziemcy. Wiedzieli, kogo szukać, bo od razu zaszli do domu kultury i zaczęli o nią pytać. Powiedzieli, że pracują dla światowej sławy francuskiego reżysera, zdobywcy największych nagród, i że ten reżyser umyślił sobie kręcić następny film o czeczeńskiej wojnie. Ponieważ po północnej stronie gór wciąż było niespokojnie, zaś w Gruzji przybyszów z Europy witano jak swoich, Francuz postanowił, że filmową Czeczenią będzie dolina Kistów. Wszystko już załatwili w odpowiednich urzędach, a teraz szukają statystów i aktorów do drugoplanowych ról. Powiedziano im, że uczyła się aktorstwa i nawet grała w teatrze, więc przyszli zapytać, czy nie dałaby się namówić do udziału we francuskim filmie. Nic trudnego, miałaby zagrać czeczeńską kobietę, która uciekła przed wojną. Otrzyma za rolę odpowiednie wynagrodzenie. Film miał nosić tytuł *Rozdzieleni*.

Powiedziała, że się musi zastanowić, ale od razu wiedziała, że się zgodzi. Od razu się jej spodobał tytuł filmu. Marzenie, z którym się już pożegnała, miało się jednak spełnić. Jeszcze tego samego dnia postanowiła powiedzieć o tym synom. Do żadnego z nich nie mogła się jednak dodzwonić. Dopiero wtedy uświadomiła sobie, że dawno już ze sobą nie rozmawiali. Raszid się jeszcze odzywał, ale Szamil coraz rzadziej pojawiał się nocą na ekranie komputera. Czasami, czekając na niego, przysypiała, a on wtedy budził ją cichym wołaniem z ekranu: „Goście przyszli!". Zjawiał się, a potem znów znikał na wiele dni, a czasem i tygodni.

Trochę rozczarowana i zła, że swoją nieobecnością synowie popsuli jej radość, nie dali się podzielić nowiną i wspólnie nią nacieszyć, zadzwoniła nazajutrz. Znów nikt nie odpowiedział. Dodzwoniła się dopiero na trzeci dzień do Szamila, ale telefon odebrała jego żona. Powiedziała, że nie ma go, wyjechał służbowo do Belgii, za parę dni wróci. Ale gdy zadzwoniła ponownie, Szamila znów nie było w domu.

– Wrócił i zaraz wyjechał, tym razem do Danii – powiedziała jego żona.

Minęło parę dni i na targowisku w Duisi Larę zaczepiła dawna koleżanka ze szkoły.

– Mój kuzyn wrócił niedawno z Syrii – powiedziała. – I mówi, że widział tam twojego Szamila.

Lara oniemiała, poczuła, jak krew odpływa jej z twarzy.

– W Syrii? Niemożliwe, musiał go pomylić z kimś innym – zdołała wykrztusić. – Szamil jest w Danii, wczoraj z nim rozmawiałam.

W Syrii już trzeci rok trwała wojna, największa ze wszystkich wojen, jakie toczyły się w tamtych dniach na świecie. Lara oglądała ją codziennie w telewizyjnych wiadomościach. Zaczęła się niewinnie, jak większość wojen, jak ta z Groznego. Ośmieleni rewolucjami w Tunezji, Egipcie, Jemenie i Libii, gdzie poobalano tyranów, ludzie wyszli na ulice także w Damaszku. Też wołali „precz" i „nigdy więcej", i „niech żyje"! Ale syryjski przywódca nie uląkł się tłumu. A może raczej krwi nie zląkł się przelewać, za to bał się utraty władzy, ludzkiej nienawiści i własnej śmierci. Kazał wojsku strzelać bez litości do wszystkich, którzy wyjdą na ulice domagać się jego ustąpienia. Kiedy nie pomogły karabiny, posłał przeciwko bezbronnym tłumom czołgi i bombowce. Ludzie w końcu też chwycili za broń, utworzyli partyzantkę. W telewizji podali, że w Damaszku, Homs i Aleppo zginęły tysiące, dziesiątki tysięcy, sto tysięcy, ćwierć miliona ludzi, miliony straciły dach nad głową, całe dzielnice legły w gruzach. Spiker w telewizyjnych wiadomościach mówił, że mimo nieszczęścia Syryjczyków i ich błagań o pomoc, świat jest bezradny, nie potrafi przerwać wojny ani położyć kresu zbrodniom. Powiedział też, że nie mogąc ścierpieć obojętności świata wobec rzezi muzułmanów, do Syrii z innych krajów arabskich przybywają ochotnicy, żeby przystać do partyzantów i walczyć z tyranem z Damaszku.

W wioskach Kistów o syryjskiej wojnie głośno było co najmniej od roku, odkąd zginął na niej Rustam, najstarszy syn

Gełajewa, którego ojciec wysłał na naukę do Kairu. Emir nie żył już, kiedy wybuchła wojna w Syrii. Nie było komu powstrzymać Rustama. Powiadano zresztą, że marzył tylko o tym, żeby dorównać ojcu. Czekał okazji. Z Egiptu przeprawił się do Syrii, gdzie stworzył własny oddział partyzancki z młodych Czeczenów, którzy jak on uczyli się albo pracowali w arabskich krajach. Zginął po paru tygodniach z całym oddziałem w meczecie w Aleppo ostrzelanym nocą przez rządową artylerię.

Synowie Lary, zwłaszcza Szamil, przyjaźnili się z Rustamem jeszcze w szkole, a po wyjeździe z doliny nadal utrzymywali kontakt, pisali do siebie, rozmawiali za pośrednictwem komputerów. Pomyślała, że Szamil bardzo przeżyje wiadomość o śmierci przyjaciela. „Dwa lata młodszy od Szamila i rok starszy od Raszida" – obliczyła w myślach.

W dolinie mówiono, że na wojnę do Syrii pojechało wielu partyzantów z Kaukazu. Wyjeżdżali, bo w górach nie byli w stanie dalej walczyć z silniejszymi od siebie Rosjanami, którzy urządzali na nich nieustanne obławy, a także dlatego, że syryjską wojnę ogłoszono świętą. Udział w niej był obowiązkiem każdego muzułmanina i zapewniał mu zbawienie.

Na syryjską wojnę wyjeżdżali też Kistowie z doliny. Kiedy Lara zaczęła o to rozpytywać ludzi, okazało się, że nie było wioski, z której co najmniej kilku młodych nie pojechałoby do Syrii. Niektórzy z nich chodzili się modlić do nowego meczetu w Duisi, a wyruszając na wojnę, tłumaczyli, że jadą pomagać braciom muzułmanom walczyć z ich wrogami, oprawcami i niewiernymi, za jakich uważano rządzących w Damaszku. Ale tylko nieliczni mówili rodzinom o swoich zamiarach. Zwykle znikali po prostu bez słowa albo rozpowiadali, że jadą do Turcji za chlebem jak wielu młodych z doliny. Dopiero tam, za turecką granicą, zawracali z drogi do Trabzonu czy Stambułu i jechali na południe, do Syrii. Jedni jechali walczyć w słusznej, świętej sprawie, inni uciekali od nudy i beznadziei w dolinie, a jeszcze inni mieli nadzieję na partyzancki żołd i wojenne łupy.

Prosto z bazaru, nie dokończywszy sprawunków, Lara wróciła do domu. Nie czekała wieczoru, zwykłej pory rozmów z synami. Od razu zadzwoniła do Szamila. Telefon znów odebrała synowa. Tym razem Lara nawet się nie zdziwiła.

– Tylko na sercu poczułam taki straszny ciężar i w gardle tak mnie ścisnęło, że ledwo mogłam słowo wykrztusić. Człowiek czasami tak bardzo nie chce wiedzieć wszystkiego.

Ilekroć mówiła mi o synach, wypowiadała te same zdania i słowa, określenia i porównania, w tym samym porządku, tym samym tonem. Odnosiłem wrażenie, że powtarzając wszystko od początku do końca, tak samo i w tej samej kolejności, starała się zrozumieć, co się właściwie stało.

Synowa powiedziała jej, że znów minęła się z Szamilem, który właśnie wyszedł z domu i wróci bardzo późno, za późno, żeby dzwonić.

– Nie okłamuj mnie – odparła Lara. – I tak wszystko wiem.

Cheda wybuchnęła płaczem. To już czwarty raz, jak Szamil pojechał do Syrii, ale zakazał jej o tym mówić. „Matka ma o niczym nie wiedzieć! Przysięgnij na głowy dzieci, że nic jej nie powiesz" – zażądał na pożegnanie, a potem przypominał jej o przysiędze, ilekroć dzwonił.

– Powiedz mu, jak było – uspokajała Lara dziewczynę. – Że ktoś go widział i ludzie mi we wsi powiedzieli.

Kazała też synowej przekazać Szamilowi, że zaklina go, by do niej zadzwonił, a jeśli tam w Syrii jest to możliwe, żeby spotkali się jak dawniej na ekranie komputera. Nie może jej tego odmówić.

Czekała trzy dni, prawie nie zmrużyła oczu, paliła nocą lampkę, żeby jak najprędzej dobiec do komputera, nie przewrócić się na sprzętach. Pojawił się czwartego dnia, pół godziny po północy. „Mamo! Goście przyszli" – usłyszała dobiegający z półmroku głos Szamila. Zerwała się z łóżka, podbiegła do stołu. Ale w mężczyźnie, który mówił tak dobrze znanym głosem i uśmiechał się do niej pobłażliwie z ekranu komputera, ledwie rozpoznała syna.

Nosił teraz długą nierówną brodę i sięgające ramion włosy, a czoło miał przewiązane czarną chustą z arabskimi inskrypcjami. Spoglądał na nią z ekranu inaczej niż zwykle. Z początku Lara nie rozumiała, na czym ta różnica polega, aż przypomniały się jej twarze partyzantów, których spotykała w dolinie, i tych, którzy zaczepili ją w Groznym przed pałacem prezydenckim, kiedy była w mieście po raz ostatni. Szamil miał w oczach jakąś hardość, wyniosłość i upór. Patrzyła na niego bez słowa, nie wiedząc, co powiedzieć, jak wtedy, gdy zobaczyli się po raz pierwszy po pięciu latach.

– Po coś ty tam pojechał, synku? – zapłakała. – Coś ty najlepszego zrobił?

– Nie martw się o mnie, dobrze mi tu – powiedział łagodnie i cicho. – Tak było trzeba.

– Komu trzeba? Tobie?

– Musiałem. Jestem teraz mudżahedinem, wstąpiłem na ścieżkę wiodącą prosto do Najwyższego. To święta droga. Nie ma na świecie nic ważniejszego.

– A o mnie, o matce, nie pomyślałeś?

– Powinnaś się cieszyć. Ja tu się czuję taki szczęśliwy. Pierwszy raz w życiu.

Powiedziała, że chce do niego przyjechać. Do Syrii. Że chce się chociaż jeszcze nim nacieszyć, wziąć w ramiona.

– Chcesz tu przyjechać? Przecież tu jest wojna!

– Jak tobie tam dobrze, to i ja mogę.

Bała się, że się nie zgodzi na odwiedziny. Albo że powie, że to niemożliwe. Nie chciał, żeby do niego przyjeżdżała. Dostrzegła grymas rozdrażnienia, jaki na mgnienie oka wykrzywił mu twarz. Jako chłopiec robił taką minę, gdy okazywała mu czułość przy kolegach, zawstydzony i zły wyrywał rękę, kiedy próbowała pochwycić jego dłoń, sztywniał, gdy przyciągała go do siebie, by pocałować w czuprynę. Żeby tylko się zgodził! Żeby tylko do niego dojechać. Już by jej wtedy nie odmówił! Może i był z niego złośnik, ale posłuszny był. Mógł się nie zgadzać ze zdaniem starszych, ale w końcu i tak ich słuchał. A nawet jeśli nie przekona go od razu, to płaczem i błaganiem go stamtąd wywiedzie. Przecież jest matką. Zabierze go ze sobą i już od siebie nie puści. A na drugi raz lepiej upilnuje. Byle tylko się do niego dostać! Niechby tylko się zgodził!

– To jakieś szaleństwo! – Pokręcił głową z niedowierzaniem.

– Może i szaleństwo, ale musisz chociaż to jedno dla mnie zrobić.

Powiedział, że pomyśli, porozmawia, z kim trzeba, i zadzwoni następnego dnia. Zadzwonił dopiero na trzeci dzień, a ona trzy noce nie spała. Powiedział, że dobrze, jeśli chce do niego przyjechać, niech jedzie, da się to załatwić. Za parę dni znowu zadzwoni i powie co i jak.

– Ale kiedy? Kiedy zadzwonisz? I kiedy mam jechać? – dopytywała się gorączkowo. Bała się, że wszystko, na co się zgodził, może zostać unieważnione w chwili, gdy przestaną rozmawiać. – Może coś ci przywieźć? Tylko powiedz, na co miałbyś chęć.

Wyraźnie wyczuła, jak łagodnieje, pewnie się nawet uśmiechał. Jego głos, który dotąd wydawał się jej pełen napięcia, suchy, metaliczny, nagle zabrzmiał ciepło, niemal tkliwie. Powiedział, że spróbowałby jeszcze kołdunów chinkali, takich, jakie robiła w domu. Żadne mu już tak nie smakowały.

– Jak przyjadę, to będę ci je na obiad gotować choćby co dzień – obiecała.

– Na obiad to pewnie nie, ramadan lada dzień się zacznie, za dnia pościć się będzie.

– No to na kolację chinkali narobię.

– Na kolację dobrze by było.

Poprosił jeszcze o konfitury, marmolady, marynaty. I sera, takiego wiejskiego jak ten, co wyrabiają pasterze u Omara w górach, też by zjadł.

– I czurczcheli przywieź trochę. Dla dowódcy – przypomniał sobie. – Całkiem wyleciało mi to z głowy, a specjalnie prosił o czurczchelę.

Przed oczami miała ich obu, Szamila i Raszida, dorosłych krzepkich mężczyzn, jak siedzą przy kuchennym stole i zajadają się czurczchelą, nanizanymi na nitkę orzechami, które zatapiało się w gęstniejącym wywarze z winogronowego soku, kukurydzianej mąki i cukru. Kistowie trzymali czurczchelę w domach jako łakocie, ale zabierali ją też ze sobą jako pożywny prowiant w długie podróże i wyprawy w góry.

Była tak przejęta słowami Szamila i uradowana jego niespodziewaną tęsknotą, że nie zwróciła uwagi na tę prośbę o podarek dla dowódcy. Nie przyszło jej do głowy, że skoro prosi o kachetyjski przysmak, to może i on z tych stron pochodzi.

– Przywiozę, przywiozę, ma się rozumieć – powiedziała tylko.

Uczepiła się kurczowo myśli, że wystarczy przywieźć synowi wszystko, za czym tęsknił i co lubił, by porzucił to swoje nowe, niepojęte dla niej życie i skuszony podarkami wrócił do dawnego. Wtedy wszystko będzie jak dawniej. Wszystko będzie dobrze.

„Wsiądź w Tbilisi do autobusu jadącego do Stambułu, ale upewnij się wcześniej, że zatrzymuje się na dworcu Aksaray. Dopiero tam wysiądź. To ostatni przystanek. Zapamiętaj dobrze – Aksaray". Powtarzał jej to wiele razy, a Larę tak pochłaniała radość, że martwi się o nią, iż w ogóle nie zastanawiała się ani nie dopytywała, jakie niebezpieczeństwa mogą jej grozić. Napawała się myślą, że Szamil troszczy się o nią, a skoro tak, to nie jest mu wszystko jedno. Może więc nie żegna się jeszcze z tym światem.

Na dworzec zawiózł ją kuzyn Ali. Pożyczył samochód, żeby nie musiała taszczyć ciężkich bagaży. Dla siebie wiele nie wzięła, za to walizkę i wielką torbę z mocnego brezentu upchała podarkami i sprawunkami dla syna. Przed wyjazdem zważyła bagaż. Wyszło trzydzieści kilogramów.

– Po coś tyle tego nabrała? – skrzywił się Ali, dźwigając walizkę po schodach. – Ręce sobie pourywasz.

– Jakoś to będzie – mruknęła. – Dobrzy ludzie pewnie pomogą.

Dni od ostatniej rozmowy z Szamilem do wyjazdu przemknęły, nie zostawiając po sobie żadnego śladu. Nie potrafiłaby powiedzieć, co robiła, z kim się widziała, co się wydarzyło. Myślała tylko o podróży. I nie mogła się doczekać spotkania z synem, i bała się, co ją czeka. Na niczym innym nie potrafiła skupić uwagi. Niepokoiła się też, czy sobie poradzi w drodze. Nigdy wcześniej nie wyjeżdżała tak daleko, nie mówiąc o tym, że nie wyjeżdżała za granicę. Była tylko w Tbilisi i w Groznym.

Kiedy nastał w końcu dzień wyjazdu i Ali zajechał przed dom, sto razy sprawdziła, czy ma w torebce wszystkie potrzebne na podróż dokumenty, przeliczała od nowa czterysta dwadzieścia dolarów, jakie pożyczyła po sąsiadach. Zaglądała do portfela, by przekonać się, że wciąż tkwi w nim złożona we czworo kartka z długimi numerami telefonów, jakie podyktował jej Szamil. Próbowała nauczyć się ich na pamięć, ale za nic nie mogła się skupić i ciągi cyfr rozsypywały się, ledwo udało się je w myślach ułożyć. Jeszcze raz przebiegła wzrokiem rzędy liter i cyfr. „Telefony w Stambule", „telefony w Gaziantepie", „telefony w Syrii".

– Nie bój się i o nic się nie martw. W razie czego zadzwonisz – próbował ją uspokoić przed podróżą.

Numery telefonów jak sekretne hasła miały doprowadzić ją do Szamila, więc trzeba było ich strzec jak największego skarbu.

– Wszędzie będzie ktoś na ciebie czekać – powiedział.

– Nie ty? – zapytała.

– W Stambule? – zaśmiał się nerwowo jak ktoś, kto traci cierpliwość. – Spotkamy się u mnie, w Syrii.

Lara przypomniała sobie, że jeszcze niedawno, jakby wczoraj, mówił tak o mieście w Alpach. „U nas, w Europie" – mówił.

Bilet kosztował prawie pięćdziesiąt dolarów, a autobus miał ruszyć przed południem. Zapytała w kasie, jak długo potrwa podróż, i powiedziano jej, że może i z półtora dnia. Pożegnała się z Alim i zajęła miejsce przy oknie. Przez otwartą na oścież szybę widziała, jak sprawdza, czy kierowca zamknął w luku bagażowym jej walizkę i torbę. Pomachał jej jeszcze ręką, odwrócił się i zniknął w tłumie. Została sama.

Autobus zapełniał się pasażerami. Obok Lary usiadła młoda dziewczyna, cudzoziemka. Miała jasne włosy, zmierzwione i krótko obcięte jak chłopak. Do chłopaka upodabniały ją też drelichowe spodnie z naszytymi na nogawkach kieszeniami i ciężkie buty, dobre do chodzenia po górach. Miała małe piersi, niewidoczne pod luźną koszulą, i smukłe, wąskie biodra. Pachniała świeżością nawet w taki upał i Lara pomyślała, że w drobnym ciele dziewczyny musi kryć się wiele radości życia i ochoty na nie, bo tylko one dają człowiekowi taką świeżość. Próbowała sobie przypomnieć, kiedy sama je straciła, i to się jej nie udawało. Możliwe, że nie straciła ich z jakiejś przyczyny, ale zwyczajnie zagubiła gdzieś po drodze. Była tylko matką. Nie upilnowała w sobie tej radości życia, nie pomyślała, że może bezpowrotnie przepaść i trzeba będzie dalej żyć już bez niej. Dziewczyna uśmiechnęła się promiennie, zaraźliwie i Lara była już pewna, że jej wciąż chce się żyć.

– Gruzja? – zagadnęła.

Lara przytaknęła.

– Gruzja, bardzo dobrze. Bardzo, bardzo dobrze – wydukała dziewczyna po rosyjsku. Nie mówiła tym językiem ani gruzińskim, o czeczeńskim nie wspominając.

Lara nie znała zaś żadnego języka z Europy, z której zapewne pochodziła dziewczyna.

– Turcja? Biznes? Przyjaciele? – zapytała.

– Przyjaciele – odparła Lara.

– Ja, dom… – powiedziała dziewczyna, uśmiechając się radośnie – pięć miesięcy – podsunęła Larze pod oczy rozczapierzone palce dłoni.

Wyglądało na to, że tak długo nie ma jej w domu.

Lara widywała takich jak ona, młodych z Europy i Ameryki błąkających się po świecie. Przyjeżdżali i do Gruzji, a nawet do doliny. To z myślą o nich zamierzała otworzyć w domu pensjonat. Wyruszali na wędrówki po górach, siedzieli całymi tygodniami w pasterskich szałasach, łowili pstrągi w górskich strumieniach, wyprawiali się na polowania na niedźwiedzie. Lara słyszała, że niektórzy przybysze rozpytywali nawet po wsiach, czy kto w dolinie nie sprzedaje domu.

Zastanawiała się czasem, czego ci młodzi tak szukają w dalekim świecie i czego im u siebie brakuje? Przecież tyle tam wszystkiego, tak mówił Szamil, każdą zachciankę można spełnić. Trzeba tylko ją mieć. A jednak coś ich gnało w świat. Jakaś tęsknota czy strach? Kistom trudno było uwierzyć, że przybysze z Europy chcieli osiąść tam, skąd miejscowi pragnęli uciec jak najdalej i najprędzej, bo nie widzieli dla siebie żadnej nadziei na dobre i godne życie. Tamci zaś, z tego samego powodu, porzucali Europę i swoje tamtejsze życie, upierając się, że jest ono jedynie wiecznym wyścigiem dla pomnażania dóbr albo wygodnym, lecz pozbawionym głębszego znaczenia przemijaniem. Co jednym wydawało się ziemią obiecaną, dla drugich okazywało się krainą rozczarowań, straconych marzeń i zmarnowanego życia. Kto by to pomyślał?

Zerknęła przez ramię na dziewczynę. Spała. Głowa opadła jej na pierś i Lara miała ochotę ułożyć ją wygodniej, na oparciu fotela. Ledwie ruszyli, dziewczyna zzuła ciężkie buty i podwinęła drobne stopy na siedzeniu. Jak dziecko. Co by sobie Szamil o niej pomyślał? Sama, bez mężczyzny, ubrana jak chłopiec i jak chłopiec się zachowująca. Kiedy autobus zatrzymał się na krótką przerwę, Lara widziała, że pali papierosa. Szamilowi pewnie by się to nie podobało. Nie palił tytoniu, nie pił wina, powtarzał, że to grzech. Ale to w dolinie, wśród muzułmanów. Czy w Europie też go to drażniło?

Minęli Batumi i na tureckiej granicy zatrzymali się na dłużej. Ali, który wyjeżdżał do Turcji szukać dorywczej pracy, uprzedzał ją, że odprawa celna i sprawdzanie bagaży mogą potrwać nawet parę godzin, że lepiej dojechać do granicy i przejść ją w pojedynkę, a potem wsiąść do autobusu albo taksówki po drugiej stronie. Powiedziała, że woli jechać dłużej, ale bez żadnych przesiadek. Gdzie się będzie z takimi bagażami wlokła? Raz człowiek wysiądzie i zaraz się zgubi. Kazał Szamil jechać prosto na dworzec Aksaray w Stambule, nigdzie wcześniej nie wysiadać, to i tak zrobi. A że dłużej zejdzie? Po syna jedzie, wyrwać go wojnie. To jest najważniejsze.

Za turecką granicą z początku z ciekawością przyglądała się wielkiemu światu, który oglądała pierwszy raz w życiu. Mijanym wioskom i miastom, ludziom, krajobrazowi. Zagranica nie wydała jej się jakoś szczególnie inna od codzienności w dolinie. Rozczarowało ją to nieco, ale i uspokoiło.

Z czasem, zmęczona upałem i trudami podróży, Lara zapadła w stan odrętwienia, coraz bardziej zacierał się jej obraz miejsca i traciła rachubę upływającego czasu. Raz zdawało się jej, że dopiero co ruszyła w drogę, a chwilę potem – że podróżuje już całą wieczność. Raz przepełniała ją radość, że wkrótce zobaczy syna, a za chwilę ogarniała trwoga, że donikąd nie dojedzie, nie odnajdzie go, nie uda się nic z tego, co zamierzała. Zasnęła za dnia, a kiedy się obudziła, była już noc. O świcie znów zasnęła, a gdy ocknęła się na dobre, zauważyła, że pasażerowie w autobusie ożywili się, poprawiają odzież, sprawdzają bagaż. Wreszcie wjechali do olbrzymiego miasta, największego, jakie kiedykolwiek widziała. Autobus zwolnił i wyglądając przez okno, miała wrażenie, jakby sunęli środkiem rwącej rzeki pełnej samochodów i mrowia ludzi, w tumulcie klaksonów, warkotu silników i nawoływań. Wjechali na wielki most nad rozlewiskiem tak szerokim, że nie widziała jego brzegów.

– Bosfor – powiedziała dziewczyna z sąsiedniego fotela, pokazując palcem za okno. – Europa.

„Europa – powtórzyła mimowolnie w myślach Lara. – A więc to jest Europa".

Na dworcu Aksaray, na który w końcu wtoczył się autobus, wysiadła jako ostatnia. Wytaszczyła walizkę i torbę i upchnęła je pod ławką na przystanku. Usiadła, rozglądając się niepewnie. Mieli tu na nią czekać. Tak mówił Szamil. Ktoś miał podejść i zapytać, czy jest matką Abu Mohammeda. Tak się teraz tam nazywał, w Syrii.

Siedziała już dłuższą chwilę, coraz bardziej niespokojna, zmęczona podróżą i niewygodami, zbolała, opuchnięta. Przytłaczał ją i obezwładniał tłum ludzi uwijających się na dworcu, obce, nieznane dźwięki. Przeraziła się, że nikt jej nie rozpozna. Miała na sobie hidżab, jak kazał Szamil, włożyła go jeszcze w autobusie, zaraz po przekroczeniu tureckiej granicy. Obszerna chusta zawinięta na głowie odsłaniała tylko twarz. Jak tak ubraną miał wyłowić ją w tłumie posłaniec od syna?

Zaczepiała przechodzących obok niej ludzi, ilekroć zdawało się jej, że mówią którymś z kaukaskich języków. Pomyślała, że Czerkies, Lezgin, Ormianin czy Azer musiałby znać także rosyjski, mogłaby się o coś zapytać, poradzić, nie byłaby już taka sama. W końcu zaczęła jękliwym głosem prosić po rosyjsku przechodzących o pomoc. Ale ludzie kręcili tylko przecząco głowami i spieszyli dalej przed siebie. Odchodziła już od zmysłów, gdy zauważyła młodego brodatego mężczyznę, który się jej przyglądał. Po chwili wahania podszedł i zapytał o coś w nieznanym języku. Powtórzył pytanie i nie czekając odpowiedzi, pokazał na migi, żeby nigdzie nie odchodziła. Wyciągnął z kieszeni telefon i dokądś zadzwonił. Powiedział kilka zdań, po czym podał jej słuchawkę.

– *Sziszani?* Czeczenka? – usłyszała. Męski głos mówił do niej łamanym rosyjskim, jak Arabowie, których spotykała w dolinie. I oni tak właśnie, *Sziszani*, nazywali Czeczenów. – Czy ty jesteś matką Abu Mohammeda?

– Tak, to mój syn – odpowiedziała i poczuła, jak opuszczają ją resztki sił.

– Idź z tym człowiekiem i rób wszystko, co ci każe. Niczym się nie martw. Wkrótce spotkasz się z Abu Mohammedem.

Brodacz sięgnął po jej bagaże i kazał iść za sobą. Wyszli na ulicę, tak ruchliwą i gwarną, że Larze zakręciło się w głowie. Przywołał ręką taksówkę. Ożywił się, rozpogodził jak uczeń, który przy tablicy poradził sobie z trudnym zadaniem i wie, że spotka go za to pochwała. Podczas jazdy rozmawiał cały czas z taksówkarzem. Odwracał się też do Lary, uśmiechał i mówił coś do niej w swoim języku, którego nie zrozumiała.

– *Sziszani okey* – kiwał z uznaniem głową. – Abu Mohammed *okey*.

Odwzajemniała uśmiech, już się nie bała.

Przyjechali na następny dworzec, zapłacił taksówkarzowi i kazał jej iść za sobą. W kasie kupił bilet i zaprowadził ją na przystanek. Poczekał, aż autobus podjedzie, by zabrać pasażerów. Załadował jej bagaż, a potem, odprowadzając ją do wejścia, wskazał palcem na tablicę na przedniej szybie. „Gaziantep" – odczytał na głos. Pomógł jej wejść do środka i usadził na miejscu. Lara zauważyła, że wychodząc, wcisnął kierowcy w rękę zwitek banknotów. Odwrócił się i uśmiechnięty pomachał jej ręką na pożegnanie.

Nie wiedziała, gdzie leży miasto Gaziantep ani jak daleką i długą drogę ma jeszcze przed sobą. Gdyby wiedziała, że podróż potrwa całą noc i prawie cały następny dzień, dwadzieścia godzin, chybaby się rozpłakała. Nigdy nie była tak zmęczona, u kresu sił i wytrzymałości. Oblepiona ubraniem, lepka od potu. Przez całą drogę nie wypowiedziała słowa i niewiele z niej pamiętała poza tym, ile wysiłku włożyła w to, by nie stracić nad sobą panowania i nie zacząć szlochać przy obcych ludziach.

Odrętwiała, na wpół przytomna, nie mogła się podnieść z fotela, kiedy autobus w końcu dotarł do celu. Wyszła na zewnątrz, przytrzymując się oparć foteli, powoli, kuśtykając krok za krokiem jak zniedołężniała, złamana chorobą i starością kobieta. „To już koniec – powtarzała w myślach. – Zaraz tu będzie Szamil". Kierowca wytaszczył jej bagaż. Nie miała już siły, by dźwignąć walizkę i torbę, przenieść je do dworcowej poczekalni. Zostawiła je na przystanku, a sama usiadła ciężko na ławce, zdając się na los.

Nie czekała długo. Tym razem wysłannik Szamila odnalazł ją natychmiast. Zobaczyła, jak się zbliża, i wiedziała, że to on. Miała wrażenie, że to wszystko już się wydarzyło, spotyka ją po raz drugi. Wysłannik, który czekał na nią na dworcu w Gaziantepie, wyglądał tak samo jak ten ze Stambułu. Młody, z długimi włosami, czarną brodą. Jak tamten zagadnął do niej w obcym języku, a potem wyciągnął z kieszeni telefon i zadzwonił. Wyciągnęła rękę, wiedząc, że zaraz przekaże jej słuchawkę. I znów głos wypowiadający słowa z arabskim akcentem, te same pytania. *Sziszani?* Jesteś Czeczenką? Czy jesteś matką Abu Mohammeda?

– Gdzie jest mój syn? – zapytała z wysiłkiem.

– Jutro, dziś późno, nie ma łączności.

– Przyjechałam spotkać się z synem.

– Jutro, jutro po obiedzie, wszystko dobrze.

Chłopak wziął jej bagaż i gestem kazał iść za sobą. Dopiero teraz poczuła panujący upał. Nigdy wcześniej ani nigdy potem nie spotkała się z takim gorącem. Nie mogła zaczerpnąć tchu, rozgrzane powietrze dławiło ją, dusiło. Ledwo dowlokła się do czekającego przed dworcem samochodu.

Przeprawa przez ruchliwe miasto zajęła jeszcze jedną godzinę.

– *Saraj* – powiedział chłopak, wskazując duży budynek, przed którym się zatrzymali.

W środku, w sieni i na podwórzu roiło się od ludzi. Wchodzili, wychodzili, potrącali się, wpadali na siebie, nawoływali, lamentowali, mężczyźni, kobiety, dzieci.

Chłopak poprowadził ją na piętro do większego pomieszczenia, przypominającego szkolną aulę. Pokazał, że ma na niego czekać. Zaduch zelżał. I upał też jakby złagodniał. Kiedy oślepiona słońcem przywykła po chwili do półmroku, dostrzegła stoły z komputerami ustawione w rzędzie pod jedną ze ścian. Kręciło się przy nich kilkunastu Arabów w polowych mundurach. Wyglądali tak samo jak arabscy ochotnicy, którzy z czeczeńskimi partyzantami rozłożyli się przed laty obozem w dolinie Pankisi. „Mudżahedini" – pomyślała Lara. Przyglądając się im dłuższą chwilę, zauważyła, że jedni pisali coś, wpatrzeni w pobłyskujące ekrany, inni krążyli między parterem i piętrem, prowadząc po schodach ludzi. Byli to głównie młodzi mężczyźni, z rzadka zdarzały się kobiety w hidżabach. Arabowie usadzali ich na krzesłach przy komputerowych stanowiskach, o coś wypytywali, pisali, jak urzędnicy załatwiający sprawy w starostwie. Larę zdziwiło, że po każdej przeprowadzonej rozmowie mudżahedini ściskają przybyłym dłonie, jakby im czegoś winszowali, a na koniec ustawiają się z nimi do fotografii. Pozując, wznosili w górę wskazujący palec na znak, że jeden jest tylko Bóg na niebie.

Wrócił jej przewodnik i poprowadził ją schodami na drugie piętro, a potem w długim ciemnym korytarzu zastukał do jakichś drzwi. Otworzyła je kobieta w chuście. Chłopak powiedział coś do niej, wskazując wzrokiem Larę. Kobieta skinęła głową i zapraszając ją do środka, uchyliła szerzej drzwi. Chłopak wstawił bagaże i zniknął bez słowa.

Izba była maleńka, zawalona rozłożonymi na podłodze materacami, garnkami, talerzami, tobołkami.

– *Surija* – powiedziała kobieta.

Lara spojrzała na nią uważniej, z ciekawością. Syria... Domyśliła się, że kobieta uciekła przed wojną. Nie spotkała dotąd nikogo z tego kraju, za który jej syn gotów był zginąć. „Może go widziała..."

Poza kobietą w pokoju mieszkały trzy dziewczynki wyglądające na jej córki. Powiedziała coś do nich po arabsku i uprzątnęły jeden z materaców. Lara zrozumiała, że spędzi tu noc. Choć zmierzchało, upał wcale nie zelżał i Larze wciąż dokuczało gorąco. Zdjęła z głowy chustę, ale i to nie przyniosło ulgi. Izba miała niewielkie, przypominające otwory strzelnicze okienka u samego sufitu. Nie sposób było do nich dosięgnąć. A Lara poczuła, że zemdleje, jeśli natychmiast nie zaczerpnie świeżego powietrza. Wyszła na korytarz i dostrzegła drzwi prowadzące na balkon okalający podwórze. Nacisnęła klamkę. W twarz uderzyła ją fala gorącego powietrza, ale poczuła ulgę, z wolna odzyskiwała spokój.

Z dziedzińca dobiegł ją przenikliwy skowyt. Spojrzała na dół i dopiero teraz dojrzała, że znajduje się tam polowy lazaret. Na metalowych łóżkach, pod gołym niebem, jęcząc z bólu i nawołując o pomoc, leżeli ranni i chorzy, w pokrwawionych bandażach, kalecy bez rąk, bez nóg. Niektórzy pacjenci mieli na sobie mundury.

Nagle poczuła szarpnięcie za rękaw. Kobieta, u której miała zostać na noc, ciągnęła ją za rękę do środka. Wzburzona pokazywała na włosy Lary i rannych na dziedzińcu. Lara przestraszyła się, że zobaczyła coś, czego widzieć jej nie było wolno, że stało się coś złego, co zniweczy cały jej wysiłek i udaremni spotkanie z synem. Arabka wciąż wykrzykiwała, szarpiąc Larę za włosy, i wypchnęła ją z balkonu do środka.

– *Haram* – zawołała, grożąc palcem, kiedy już z powrotem znalazły się w pokoju.

Lara przypomniała sobie, że zanim wyszła na balkon, zdjęła z głowy chustę. Pokazała się obcym mężczyznom z odsłoniętą twarzą, a tego muzułmankom robić nie wolno.

Wieczorne wołanie muezinów na modlitwę przypomniało jej, że trwa ramadan, najświętszy dla muzułmanów miesiąc postu i pokuty, które mają pomóc wiernym odróżnić prawdę od fałszu, zasłużyć na odpuszczenie grzechów i zbawienie wieczne. Lara pomyślała, że to dobry znak i że może to najwłaściwszy czas na taką podróż, w jaką się wybrała.

Zapadł zmrok. Arabska gospodyni zapaliła świece, zabrała się do przyrządzania kolacji. Zmierzch przerywał post. Przysłuchując się cichej krzątaninie, Lara uświadomiła sobie, że odkąd przekroczyła turecką granicę, nic nie jadła i nie piła. Ale nie czuła głodu ani pragnienia. Pragnęła tylko, by noc minęła jak najprędzej i zaczął się dzień jutrzejszy, dzień, kiedy miała się spotkać z Szamilem. Była wyczerpana, obolała, dokuczały jej zwłaszcza opuchnięte nogi. Nie zdejmując ubrania, położyła się na materacu, wiedziała jednak, że nie zaśnie tej nocy. „Jeszcze tylko ta jedna noc – powtarzała w myślach, leżąc z zamkniętymi oczami. – Jest już tak blisko".

Poczuła szarpnięcie za rękaw, otworzyła oczy. Obok klęczała najmniejsza z dziewcząt. Wyciągała w jej kierunku blaszany pogięty talerz, na którym leżał trójkątny kawałek świeżej bakławy. Ciasto ociekało syropem, pachniało pistacjami i słodyczą.

– *Iftar* – powiedziała dziewczynka.

Kiedy nazajutrz przyszedł po nią przewodnik, Lara siedziała na materacu, od dawna ubrana, spakowana, gotowa do dalszej drogi. Tak bardzo pragnęła, by ta chwila już nadeszła, że nie czuła nawet upału, jaki zapanował zaraz po wschodzie słońca. Nie czuła zmęczenia ani niewyspania. Obiecywała sobie, że będzie cierpliwa i silna, ale przedłużające się oczekiwanie było ponad jej siły. Bała się, że marnuje czas, a każda chwila zwłoki oznacza niebezpieczeństwo, że sprawy mogą pójść nie tak, że znów coś ją zatrzyma.

Zeszli piętro niżej do sali z komputerami, w której czekała poprzedniego dnia. Od rana pełno w niej było ludzi, a arabscy mudżahedini rejestrowali nowo przybyłych. Znów odniosła wrażenie, że doświadcza czegoś, przez co już raz przeszła. I że będzie się to powtarzać w nieskończoność, nie wydostanie się już z tej pętli czasu, nie spotka Szamila, nie uratuje go od śmierci, a i jej nikt nie odnajdzie, zostanie tu na zawsze.

„*Sziszani, Sziszani*" – usłyszała. Odwróciła głowę. Arab w szarej postrzępionej tunice pokazywał palcem kilku młodych mężczyzn czekających w korytarzu na swoją kolej do rejestracji przy komputerowych stanowiskach. Zatopiona we własnych rozterkach i lękach nie zauważyła, że młodzi ludzie – było ich pięciu i wyglądali na nastolatków – zerkają na nią, jakby chcieli ją zagadnąć, ale nie mieli śmiałości i czekali na zachętę z jej strony.

– Wy z naszych stron? – zapytała po czeczeńsku.

Przytaknęli ochoczo. Uznali to za zaproszenie, podeszli, przyglądając się jej z nieskrywaną ciekawością.

– My z Gudermesu – wyjaśnił najniższy, wyglądający na starszego od pozostałych.

– To prawda, że jesteś matką Abu Mohammeda? – zapytał zaraz.

– Znacie mojego syna? – zaskoczona odpowiedziała pytaniem.

– Abu Mohammeda? Kto by go nie znał! – zdumiał się Czeczen.

Znali Szamila z filmów, jakie mudżahedini umieszczali na swoich witrynach w internecie. Partyzanci opowiadali w nich o wojnie w Syrii, zachęcając ochotników, by przybywali i zaciągali się do partyzanckiego wojska. Inni mudżahedini, opowiadając o wojnie, zasłaniali twarze z obawy, by nikt ich nie rozpoznał. Abu Mohammed jako jeden z niewielu mówił wprost, przed nikim się nie krył.

– Mój Szamil? – Nie mogła uwierzyć.

– Abu Mohammed – poprawił Czeczen niepewnie. – Innym nie ufaliśmy, ale w każde słowo Abu Mohammeda wierzyliśmy.

Byli ciekawi, czy naprawdę wybiera się do Syrii odwiedzić syna, a kiedy potwierdziła, pokiwali z uznaniem głowami.

– Nie jadę do niego w gości, tylko zabrać go z tej wojny do domu – powiedziała.

Roześmieli się, jakby powiedziała coś zabawnego. Wyprowadziło ją to z równowagi.

– A wy czego tam jedziecie szukać? – zapytała gniewnie. – Wasze matki i wasi ojcowie wiedzą, że tu jesteście?

Zaśmieli się znowu. Ten najniższy, najstarszy, który z nią rozmawiał, odparł, że powiedział swoim, że jedzie do Turcji szukać pracy. Uwierzyli. Miał dwadzieścia lat i nie pytając go o zdanie, wyswatali mu właśnie dziewczynę z sąsiedniej wioski. Ojcu nawet do głowy nie przyszło, że mógłby sprzeciwić się jego woli. O tym, żeby się zaciągnąć na wojnę w Syrii, od dawna już rozmawiał z przyjaciółmi. Mało to czeczeńskich chłopaków pojechało? Od nich wiedzieli, czego można się na niej spodziewać.

Powiedział, że za innych mówić nie chce i wie, że wielu pojechało do Syrii, kierując się wiarą. Pewnie że dobrze jest się zasłużyć w słusznej sprawie, ale on sam, uczciwie przyznaje, pojechał, żeby coś w życiu przeżyć ważnego, no i w nadziei na zarobek. Słyszał, że na wojnie w Syrii pozwala się partyzantom brać łupy i wielu tak robi. Wywożą potem dobra do Turcji, sprzedają, a na Kaukaz wracają z żywą gotówką albo posyłają pieniądze do domu. Kupców na trofea szukać nie trzeba. Choćby i tu, w Gaziantepie. Sami przychodzą, wypytują, a nawet składają konkretne zamówienia. A jak się dobrze targu dobije, to i zaliczkę potrafią zapłacić. Słyszał też, że w niektórych partyzanckich oddziałach płacą regularny żołd, jak w wojsku, a Czeczenów chętnie biorą do oddziałów, bo uważają ich za urodzonych żołnierzy, takich, co to jeden starczy za stu Arabów. Wie, że wielu się będzie krzywić, że jedzie na wojnę dla zarobku, ale jaka to różnica zarabiać pieniądze jako partyzant czy jako żołnierz? Gdyby był jakimś kapitanem albo sierżantem w wojsku, nikt by mu nie wytykał, że na wojaczce zarabia pieniądze. A w czym partyzantka gorsza? Dobry taki grosz jak każdy inny. Lepsze to, niż tyrać na budowach czy w polu.

Drugi z Czeczenów, młodszy, powiedział w domu, że potrzebuje pieniędzy, żeby wyjechać do Europy na naukę. Pożyczyli dolary po rodzinie, a on kupił za nie bilet do Stambułu. Nie powiedział im prawdy, boby próbowali go powstrzymać, zabraliby paszport, a uważał, że udział w wojnie takiej jak ta w Syrii jest dla muzułmanina świętym obowiązkiem. To samo mówi zresztą na partyzanckich filmach jej syn Abu Mohammed. Chciał walczyć po stronie swoich muzułmańskich braci i sióstr przeciwko bezbożnikowi Baszirowi Assadowi z Damaszku i jego armii.

– A o swojej matce któryś z was pomyślał? – usłyszała jakąś ukrytą, proszącą nutę w swoim głosie i to ją rozgniewało. – One was na świat wydały. Im jesteście posłuszeństwo winni, nie emirom. Bóg was pokarze za te krzywdy, co im wyrządzacie. Wcale Mu wasze poświęcenie nie będzie miłe.

Chciała jeszcze powiedzieć, że i sam Koran zabrania tak matki traktować, ale w porę się powstrzymała. Znali pewnie Świętą Księgę na wyrywki, a już z pewnością lepiej niż ona. Rzekła jeszcze tylko, że matki nie słuchać to grzech ciężki, a potem rozmowa się urwała, bo Arabowie siedzący przed komputerami wezwali Czeczenów do siebie. Młodzi ludzie podeszli i usiedli przy stołach, by wypełnić formularze, a potem stanęli z mudżahedinami do zdjęcia na dowód udanego werbunku. Później dowiedziała się, że za każdą fotografię z nowym rekrutem werbownicy otrzymywali zapłatę. Jeden z Arabów podszedł do Lary i bez słowa podał jej telefon.

– Tu Szamil. Zaraz cię do mnie przywiozą – usłyszała głos syna w słuchawce.

Arabscy mudżahedini zabrali Larę i pięciu Czeczenów i wyprowadzili na ulicę, gdzie czekał na nich mikrobus z kierowcą. Kazali im zabrać ze sobą wszystkie rzeczy. Po trwającej pół godziny jeździe zatrzymali się i Arabowie kazali im się przesiąść do dwóch samochodów osobowych. Kolejny kwadrans, może dłużej, i znów stanęli. Tym razem kazano im wysiąść i wziąć ze sobą bagaże.

– To już granica – rzucił cicho jeden z Czeczenów.

Poprowadzono ich do niskiego baraku. Przed wejściem się rozdzielili. Czeczenom kazano wsiąść do kolejnego samochodu, który zaraz odjechał. Do Lary podszedł ciemnoskóry mężczyzna, który polecił jej wejść do baraku i czekać, aż po nią przyjdzie. Znów została sama, wróciła niepewność i strach. Kiedy wysiadali z samochodu, Czeczeni pokazywali sobie widoczne w oddali ogrodzenie z drucianej siatki. Już tylko tyle, te kilkaset metrów dzieliło ją od miejsca, gdzie czekał na nią Szamil.

W baraku panował półmrok, ale dojrzała drewnianą ławkę pod ścianą i siedzącą na niej kobietę. Wyglądała na Czeczenkę. Miała na głowie kwiecistą chustę zawiązaną tak, jak zwykły to robić kaukaskie wieśniaczki.

– Do syna? – zapytała kobieta po rosyjsku.

– Ano, do syna – westchnęła Lara.

– Wpuszczą?

– Chyba wpuszczą, dzwonił, że czeka.

– No to masz szczęście. Mój nie chce mnie widzieć. Czekam tu już dziewiąty dzień, a on codziennie dzwoni, żeby mnie nie przepuszczali.

W drzwiach stanął ciemnoskóry Arab, skinął na Larę i pokazał ręką, że dalej ma iść sama, prosto przed siebie.

– Idź, idź, zanim się i twój nie rozmyśli – rzuciła kobieta.

Dźwigając ciężkie bagaże, Lara powlokła się w stronę syryjskiej granicy, coraz bliższej i wyraźniejszej. Widziała już nie tylko ogrodzenie z drucianej siatki, ale i stojących za nim ludzi. I ciężką żelazną bramę, przez którą wiodła droga do Syrii. Dzielił ją od niej tylko jeden, ostatni posterunek, na którym mundurowi sprawdzali podróżne dokumenty. Podała swój paszport, a żołnierz powoli przewracał stronice. Podniósł wzrok i o coś zapytał. Nie zrozumiała. Powtórzył, teraz już zniecierpliwiony.

– *Sziszani, Sziszani* – wymamrotała bezwiednie.

Znów coś warknął, wymachując jej przed nosem paszportem.

– *No visa* – wycedził przez zęby i rzucił paszport na ziemię. Podniosła i usłużnie podała jeszcze raz. Znów cisnął książeczkę na ziemię i pokazał Larze, że ma odejść, że nie przepuści jej przez bramę do Syrii.

Padła przed nim na kolana, błagała, szlochała, próbowała chwycić go za rękę. Lament przeszedł w skowyt, jęk rozpaczy.

– Pomocy! – błagała. – Czy ktoś tu mówi po czeczeńsku? Albo po rosyjsku? Niech mi ktoś pomoże!

Zrobiło się zamieszanie, zbiegli się żołnierze. Po chwili jeden z nich podszedł do niej z telefonem komórkowym.

– Czego ci trzeba, kobieto? – zapytał w telefonie ktoś po rosyjsku z arabskim akcentem.

– Do syna! Do syna jadę, a nie chcą mnie przepuścić. Nazywa się Abu Mohammed! *Sziszani!* – zawołała w słuchawkę.

– Nie martw się, wszystko będzie dobrze.

Kazał jej przekazać słuchawkę dowódcy posterunku. Rozmawiali chwilę, a potem oficer machnął ręką, by ruszała dalej.

Zbliżając się do żelaznej bramy, czuła, że przekroczy coś znacznie ważniejszego i groźniejszego niż linia rozdzielająca terytoria odrębnych państw. Wkraczała w świat, którego nie pragnęła ani którego nie była ciekawa. Gdyby to od niej zależało, wolałaby nie wiedzieć, że w ogóle istnieje. Spoglądała z lękiem na ludzi wczepionych rękami w drucianą siatkę po drugiej stronie. Wyglądali jak w klatce, groźni, nieokrzesani, jak dzikie zwierzęta. Przerażała ją myśl, że jeśli przekroczy bramę, znajdzie się pośród nich.

Przeszła bramę i stanęła po syryjskiej stronie, wypatrując w tłumie Szamila. Miał tu być, czekać na nią. Coś się stało? Nie przyjechał? Szukała go, przesuwała wzrok po twarzach mężczyzn. Wszyscy wydali się jej jednacy, zszarzali od kurzu, zarośnięci, obdarci. Czy to możliwe, żeby nie poznała własnego syna? Serce zaczęło jej bić, jakby się chciało wyrwać z piersi.

Nie wypatrzyła go. To on ją zobaczył, w chwili gdy stanęła w otwartej bramie. Widział, jak się rozgląda, próbuje go odnaleźć wzrokiem, ugina się pod ciężarem bagażu. Nie zauważyła go nawet wtedy, gdy już szedł ku niej, rozpychając się w tłumie.

Dopiero gdy stanął tuż obok i położył rękę na jej ramieniu, spojrzała na niego zaskoczona i przestraszona. Nie mogła uwierzyć, że nie zauważyła, jak się zbliża, że nie wyczuła jego obecności.

Objął ją mocno, a Lara wybuchła płaczem.

– Już dobrze. – Pogładził ją po policzku. – Pojedziemy do domu, odpoczniesz.

Poszła za nim ciężkim krokiem, patrząc pod nogi, bo bała się, że się potknie i przewróci. Kiedy podnosiła wzrok, widziała przed sobą ramiona Szamila. Miał na sobie żołnierską kamizelkę narzuconą na niebieską długą koszulę z bawełny wyłożoną na workowate spodnie. Nigdy wcześniej nie widziała, żeby się tak ubierał. Nie widziała go też z bronią, a teraz niósł karabin maszynowy przerzucony przez ramię jak sportowa torba.

Ludzie rozstępowali się przed nim jak przed kimś ważnym, komu należy się pierwszeństwo i szacunek. Zatrzymał się przed ogromnym samochodem, z którego wyskoczyli mu na spotkanie inni partyzanci z karabinami. Partyzantów było sześciu, wszyscy młodzi, zarośnięci, długowłosi. Na ich widok tłum gapiów, który zebrał się wokół samochodu, odstąpił na kilka kroków.

– A oto i moi bracia – powiedział Szamil. – Z Czeczenii, sami swoi, jak w domu.

Usiadł z kierowcą na przodzie, a ją umieścił na tylnym siedzeniu, wielkim, obitym miękką skórą i wygodnym jak kanapa w pałacu. Cały samochód, wielki jak dom, aż lśnił wspaniałością i bogactwem.

– To twój samochód? – zapytała.

– Mój? – odparł rozbawiony. – Jedyne, co tu do mnie należy, to ta koszula, co ją mam na plecach. A samochód dostałem od emira. Dał mi go, jak się dowiedział, że przyjeżdżasz. Opancerzony, na specjalne życzenie, ściągnęli mu go aż z Iranu. Tylko mnie daje go dotknąć. Nikomu innemu nie ufa, a mnie wierzy, że mu pod siedzenie bomby nie podłożę.

Powiedział, że pozna osobiście emira, bo zapowiedział się z wizytą. A może go już poznała? Albo przynajmniej widziała? Pochodzi przecież z doliny i wychował się w sąsiedniej wsi, w Birkiani.

– Z Birkiani? – zapytała zdziwiona. – Jak się nazywa?

– Nosi imię Abu Omar – powiedział. – A wszystkich nas nazywają tutaj *Sziszani*.

– Abu Omar? – powtórzyła.

– Tutaj znają go wszyscy. Zasłużył się na wojnie jak mało kto. Ważna figura, a ja przy nim, bo jestem jego adiutantem i tłumaczem. Emir potrafi mówić tylko po gruzińsku, rosyjski, a nawet czeczeński słabo zna. Jutro go zobaczysz, bo ma przyjść wieczorem w gości.

Zatrzeszczał radiotelefon. Szamil podniósł słuchawkę i powiedział po czeczeńsku: jedziemy.

– To do tych z drugiego samochodu – wyjaśnił. – Tak tu się jeździ, zawsze w dwa samochody, dla bezpieczeństwa. Jednemu coś się stanie, to drugi pomoże.

Jechali szybko, gwałtownie, jakby się z kimś ścigali. Skwar, zaduch i wszelkie dźwięki zostały za szczelnie zasuniętą szybą. Pędzili na łeb, na szyję, przez szarą, brudną, kamienistą pustynię. Potem skręcili na asfaltową drogę i pognali jeszcze prędzej, wymijając arby zaprzężone w wielbłądy i osły i wielkie ciężarówki wyładowane piramidami bagaży.

Żółte niebo było zasnute ciężkim smolistym dymem. Lara próbowała ustalić, skąd pochodzi, ale dostrzegła tylko, że palą się śmieci piętrzące się wzdłuż drogi. Widziała przez okno stojących na poboczu mężczyzn w powłóczystych tunikach. Chusty i turbany zawiązane na ich głowach sprawiały, że wyglądali jak postacie bez twarzy.

– Pali się coś? – zapytała Szamila.

– Cały czas coś się pali – przytaknął. – Nocą przylatują samoloty i zrzucają bomby.

Dopiero gdy wjechali między pierwsze zabudowania, zobaczyła spustoszenia, jakie spowodowała wojna. Zburzone budynki, zwalone gruzem na wąskie zaułki, w których przed wojną kupcy rozkładali stragany, zwisające dachy, połupane pociskami, spękane mury, sczerniałe od pożarów puste dziury okien, zmiażdżone i spalone samochody. I ludzi, którzy najwyraźniej nadal żyli w ruinach, pogorzeliskach i norach, jakie pozostały po ich miasteczku. Było ich całe mrowie. Dlaczego nie uciekli, gdy spadły pierwsze bomby? Na co liczyli? Błąkali się teraz pośród szkieletów dawnych domów, odgruzowywali niegdysiejsze uliczki i bramy, grzebali wśród ruin, przeganiając stada wałęsających się kóz i watahy zdziczałych bezpańskich psów. W chmurze szarobiałego kurzu, która zawisła nad pobojowiskiem, wyglądali jak potępione duchy skazane na wieczną tułaczkę i nie mające nigdy zaznać spokoju.

– Strasznie tutaj – wyszeptała, patrząc przez okno.

– Co ty mówisz? A ja dopiero tutaj wiem, po co żyję – powiedział z przedniego siedzenia Szamil.

– Istne piekło na ziemi... – dodała, jakby nie usłyszała.

– A ja stąd mam zamiar trafić prosto do nieba.

Wyjaśnił, że miasto, do którego wjeżdżają, nazywa się Aleppo, ale zatrzymają się na dalekich przedmieściach, bo dalej stoją wojska Assada i toczą się uliczne walki. Powiedział, że to jedno z najstarszych i najsławniejszych miast w całym arabskim świecie. I że znajdował się w nim największy na caluteńkim świecie kryty dachem bazar, ale teraz został zburzony razem z całym starym miastem, karawanserajami, łaźniami i meczetami przez wojska tego tyrana z Damaszku, bezbożnika Assada, dla którego nie ma żadnej świętości poza władzą.

Jechali dobrą godzinę – wąwozami ruin, to znów przez dzielnice nie dotknięte wojną, zamożne i ruchliwe. Wreszcie zatrzymali się przed wysokim murem otaczającym dwupiętrowy dom. Jeszcze w samochodzie Szamil zapowiedział przez radiotelefon, że będzie na miejscu za minutę, i ledwie zwolnili przed bramą, wartownik otworzył ją na oścież i zamknął, jak tylko wjechali do środka.

Dom był wspaniały. Jak pałac jakiegoś sułtana. Na środku wielkiego wyłożonego kamienną mozaiką dziedzińca, pełnego daktylowych palm, szemrała woda w niewielkiej sadzawce. Można było cieszyć oczy jej widokiem z ocienionych krużganków, z których wchodziło się do wyłożonych białym marmurem pomieszczeń na parterze i piętrze.

Rozglądała się wkoło, oszołomiona wykwintem i przepychem, nie wiedząc, na czym zatrzymać wzrok.

– Jak w rajskim ogrodzie, prawda? W okolicy stoi takich wiele. Bogaci ludzie tu kiedyś mieszkali – rzucił Szamil. – Ten należy do mojego przyjaciela, mudżahedina. Oddał życie dżihadowi i walczy już od dwudziestu lat. Przeważnie w Afganistanie. Kupił ten dom, kiedy ożenił się z tutejszą kobietą. Gdy mu powiedziałem, że matka do mnie przyjeżdża, kazał mi cię tu przywieźć, a sam zabrał dzieci i żonę na wieś, do jej rodziny. Mamy dom dla siebie na cały tydzień. Będziesz miała gdzie odpocząć.

– Ledwie żyję – westchnęła z ulgą. – Trzeci dzień w drodze...

– To i chinkali pewnie nie dasz rady na wieczór naszykować...

– Może jutro?... Nóg nie czuję...

– Trudno… – powiedział. – Chociaż trochę szkoda. Niepotrzebnie powiedziałem przyjaciołom, że przyjeżdżasz i na kolację będą gruzińskie kołduny. Nakupiłem nawet specjalnie baraniego mięsa…

Był rozczarowany i nie potrafił tego ukryć. „Jak dziecko" – pomyślała Lara.

– A dużo ich będzie? – zapytała.

– Szesnastu. Wszyscy z Czeczenii. Przyjdą po modlitwie, jak zapadnie noc.

– Narobię ci tych chinkali, zdążę, tylko ciasta muszę nagnieść – powiedziała. – Zrobię wszystko, na co będziesz miał ochotę.

Zaraz się rozchmurzył.

– Niedługo powinny przyjść siostry, to pomogą ci z ciastem.

– Siostry?

– Dziewczyny. One też tu przyjeżdżają na dżihad, nie tylko mężczyźni – wyjaśnił. – Sama się przekonasz.

Zaprowadził ją schodami na piętro do pokoju, który miał być jej sypialnią. Rozłożyła rzeczy, odświeżyła się, chwilę odpoczęła, a kiedy zeszła na dół, w kuchni krzątały się trzy dziewczyny. Spłoszyły się na jej widok, jakby przyłapała je na czymś, czego robić nie powinny. W jednakowych czarnych hidżabach i szarawych tunikach wyglądały jak uczennice w szkolnych mundurkach. Dwie trzymały się razem, jak siostry. Trzecia odezwała się do Lary po czeczeńsku.

– To pani jest matką Abu Mohammeda?

Powiedziała, by wołać na nią Aisza i nie gniewać się, jak nie odpowie, bo to nowe imię, przybrała je dopiero tutaj, w Aleppo, i jeszcze do niego nie przywykła. W Holandii, w Europie, dokąd wyjechali z Kaukazu z rodzicami, nazywała się Fatima.

– Co to za dziwna moda? Wszyscy tu zmieniacie imiona na nowe? – zdziwiła się Lara.

– Prawie wszyscy. Jedni dla bezpieczeństwa, żeby po ich powrocie do domu nikt się nie dowiedział, gdzie byli i co robili. A inni, jak ja, żeby mieć nowe imię na nowe życie. Bo tu się dla nas nowe życie zaczyna, stajemy się innymi ludźmi.

– I po coś tutaj przyjechała? Nowego życia szukać? Na wojnie? Dziewczyna?

– Dżihad to nie tylko wojna. Służyć można rozmaicie, choćby i w kuchni.

– A one? – Lara spojrzała na dwie dziewczyny pod ścianą. – Też nasze?

– Francuzki – zaprzeczyła Aisza. – To znaczy Arabki, ale z Paryża.

Zabrały się do pracy. Lara z Aiszą zagniotły ciasto na chinkali, a kiedy było gotowe, lepiły z niego duże pierogi w kształcie sakiewki. Arabskie Francuzki przygotowywały warzywa, owoce i sery.

– One też na wojnę przyjechały?

– Do mężów.

– Nasi kobiet na wojny nie zabierają. – Lara skinęła głową ze zrozumieniem. – A może właśnie powinni. Wtedy by poczuli, jak to jest umierać ze strachu o innych.

– Nasi mężowie też żon ze sobą na wojnę nie przywożą. To myśmy ich tu poznajdowały.

Opowiedziała Larze, jak w internecie poznała swojego przyszłego męża. Kończyła liceum i myślała, żeby zostać pielęgniarką, ale nie taką ze szpitala, tylko z pogotowia ratunkowego, odbierającą śmierci ofiary. Spędzała wiele czasu przy komputerze, czytając o nieszczęśliwych wypadkach, drogowych kraksach, katastrofach lotniczych. Nawet nie zauważyła, jak ta ścieżka zaprowadziła ją w świat wojny, przed witryny poświęcone bitwom, mudżahedinom, Palestynie, Irakowi, Afganistanowi, dżihadowi. Na którejś z nich znalazła artykuł o kilkunastoletnim Czeczenie z dobrej, bogatej rodziny z Ammanu, który rzucił studia medyczne, żeby zaciągnąć się na syryjską wojnę i jako prosty mudżahedin (jego ojciec był w Jordanii pułkownikiem w królewskiej armii) walczyć w obronie syryjskich muzułmanów ciemiężonych przez tyrana z Damaszku. Swoją część rodzinnego majątku sprzedał i za zdobyte w ten sposób pieniądze kupił lekarstwa dla syryjskich szpitali. Artykuł opatrzony był fotografią Czeczena. Chłopak wyglądał jak książę z bajki. Wysoki, o szlachetnej, dobrej twarzy i smutnych oczach. Próbowała znaleźć więcej informacji na jego temat, aż w końcu dowiedziała się, gdzie szukać nowin o mudżahedinach z Syrii i jak można się z nimi skontaktować. Napisała, a on odpowiedział. Tak się zaczęła ich znajomość. Nie sądziła, że w taki sposób można się w kimś zakochać. Kiedy w którymś z listów zapytał, czyby do niego nie przyjechała i nie została żoną mudżahedina, nie wahała się ani chwili. Rodzicom, żeby ich uspokoić, powiedziała, że wyjeżdża z koleżanką do jej rodziny w Ammanie, że chce tam poznać muzułmańską wiarę i wyszkolić się na lekarza. I że za nic nie muszą płacić. Po jakimś czasie napisała im, że wyszła za mąż. Gniewali się, zwłaszcza ojciec, ale udobruchała ich fotografią męża i wieściami, że jest lekarzem i Czeczenem, chociaż po czeczeńsku nie zna już ani słowa.

– Nie chciałam ich okłamywać, ale wszystkiego też nie powiedziałam. No bo jest Czeczenem i lekarzem. A że jest jeszcze mudżahedinem, tego nie wiedzą – powiedziała Aisza. – Przyjdzie tu dzisiaj wieczorem.

– One też tak swoich mężów poznały?

Skinęła głową.

– I one, i wszystkie inne, które przyjeżdżają na dżihad z Europy.

Lara nie poznała męża Aiszy. Razem z Szamilem i pozostałymi kolegami zasiedli do kolacji w jadalni. Kobietom nie wolno było z nimi przebywać. Dziewczęta tylko nakryły, a na koniec wniosły wielką tacę z parującymi chinkali, pachnącymi baranim rosołem i świeżością. Lara uśmiechnęła się, zadowolona z siebie, słysząc przez drzwi okrzyki zachwytu.

Posiedziała jeszcze chwilę, wsłuchując się w odgłosy biesiady przerywającej post. Zdawało się jej, że słyszy głośny śmiech Szamila. Uzmysłowiła sobie, że nie pamięta, kiedy tak się śmiał, w głos. „Bawią się... dobrze mu" – pomyślała, ale prędko odgoniła tę myśl.

Opadło ją zmęczenie. Postanowiła, że się położy, nie będzie dłużej czekać na syna. Ale sen nie przychodził. Z oddali dochodziły głuche wybuchy. W pokoju panował całkowity mrok. Dom był zbudowany tak, by żadne z okien nie wychodziło na zewnątrz, na ulicę. Chronił w ten sposób przebywające w środku kobiety przed spojrzeniami, nawet tymi przypadkowymi, obcych mężczyzn. W sypialni Lary w ogóle nie było okien, tylko drugie drzwi, które prowadziły na górny krużganek. Nie widziało się stamtąd horyzontu, jedynie niebo nad pobliskim miastem. Pchnęła drzwi i zobaczyła, jak mrok rozjaśniają jasne, białe rozbłyski eksplozji. Cofnęła się do środka i wtedy rozległ się wybuch znacznie głośniejszy i bliższy niż poprzednie. Zamarła, a po chwili wybuchło coś jeszcze bliżej i tak potężnie, że Lara poczuła, jak zadrżała pod nią ziemia. Przestraszona zeszła na dół, w ciemnościach, po omacku. Z salonu wciąż dobiegały dźwięki rozmowy i śmiech, a w kuchni paliło się światło. Przy stole, na którym z Aiszą lepiły chinkali, dziewczyny w hidżabach wpatrywały się w ekran przenośnego komputera.

– Nie śpicie, dziewczynki? Kino sobie zrobiłyście? – zagaiła.

Zmieszały się, chciały wyłączyć komputer, ale zaprotestowała.

– A oglądajcie sobie, oglądajcie. Co mi tam do tego? Zeszłam tylko, bo wybuch mnie przestraszył. Co to było?

– Atak rakietowy, codziennie tak mamy – odparła Aisza. – Wojska Assada to tchórze. Atakują tylko nocą, zachodzą ludzi we śnie.

Lara zerknęła na ekran komputera.

– Co oglądacie?

– *Harry'ego Pottera*, *Insygnia Śmierci*, ostatnia część. Już to sto razy widziałam, ale czekam na męża i czas prędzej schodzi – powiedziała Aisza. – Trudno tu o jakiś nowy film. Prawdę powiedziawszy, nie ma co robić…

Następne dni upływały podobnie, spokojnie, miarowo, jakby tak już miało zostać na zawsze.

Pierwszego dnia przeraziła się, gdy ze snu wyrwało ją przed świtem wołanie muezinów na modlitwę. Ale potem przywykła. Po wczesnej pobudce modlili się, a ona schodziła do kuchni przyszykować śniadanie, które jedli razem przed wschodem słońca. W miesiącu postu następny posiłek wolno było zjeść dopiero po zmierzchu.

Do południa siadywali w cieniu krużganków, rozmawiając, snując wspomnienia albo po prostu przyglądając się sadzawce. Szamil opowiadał jej o swoim życiu w Europie i o tym, jak trafił do Syrii. Zaczęło się od znajomości pozawieranych w meczecie. Wiele rozmawiano tam o cierpieniach i krzywdach, jakie spotykają muzułmanów na całym świecie. O Palestynie, Kaszmirze, Bośni, Czeczenii, Afganistanie, Iraku. Oglądali też fotografie i filmy z tamtejszych wojen. Potem wybuchła wojna w Syrii i znów polała się krew wiernych, całe morze krwi, a świat palcem nie kiwnął, by położyć kres zbrodniom.

Najpierw zbierali w meczetach pieniądze i dary dla Syryjczyków. Pierwszy raz pojechał do Syrii właśnie z darami. Posłał go imam z meczetu, do którego chodził się modlić. Wybrał go spośród innych, bo mówił po arabsku i po turecku, a trzeba było jechać przez Turcję do położonego przy granicy obozu uchodźców.

To, co zobaczył na miejscu, zniszczone wojną życie ludzi, ich cierpienie i obojętność, z jaką odnosił się do nich świat, wydało mu się jeszcze gorsze niż wszystko, co wcześniej widział w telewizji. Już wtedy, po powrocie, zaczął przemyśliwać, czy nie przystać do syryjskich partyzantów. Zdecydował się na to, kiedy Rustam Gełajew napisał mu z Kairu, że rzuca studia i jedzie na wojnę. Postanowił, że się do niego przyłączy. Mieli się odnaleźć w Syrii. Nie zdążył nawet wyjechać z Europy, kiedy dowiedział się, że Rustam nie żyje, zginął w Aleppo zaraz na początku wielkiej bitwy o miasto. Jeszcze tego samego lata pojechał do Syrii i on. Z trzema kolegami Czeczenami. Imam w meczecie dał im nazwiska, adresy i numery telefonów ludzi, którzy mieli im pomóc. Czekali na nich w Gaziantepie tak jak teraz posłańcy Szamila na nią, Larę. Przekazywani z rąk do rąk trafili do partyzanckiego obozowiska, gdzie przez sto dni pod okiem zaprawionych w irackiej wojnie emirów uczyli się obchodzić z bronią, strzelać, walczyć wręcz. Studiowali taktykę wojenną, ćwiczyli wytrzymałość i siłę. W obozie poznał innych Czeczenów. Trzymali się razem, a po zakończeniu kursu przyłączyli się do oddziału, w którym walczyli już inni Czeczeni. Z Kaukazu, ale także z Bliskiego Wschodu i Europy. Utworzyli własne wojsko, a dowodził nim właśnie Abu Omar. Rok później Szamil został jego adiutantem i tłumaczem. Czeczeni uchodzili za najlepszych wśród partyzantów i dowództwo powstania przydzielało im najważniejsze i najtrudniejsze zadania. Po kilku miesiącach wrócił do Europy. Tą samą drogą, którą wędrował do Syrii. Nikt go nie zatrzymywał, nikt o nic nie pytał. Mając w kieszeni europejski paszport, nie musiał przejmować się wizami i przejściami granicznymi. Przed wyjazdem zwolnił się z pracy w firmie wysyłkowej, więc gdy wrócił z wojny, żyli z żoną z zasiłków. Po kilku miesiącach pojechał znowu. To wtedy poznał emira. Teraz jest w Syrii czwarty raz i czuje się tu jak u siebie w domu.

– Twój dom jest tam, gdzie twoi bliscy, gdzie dzieci, gdzie żona – zaprotestowała.

– Wiedziałem, że tego nie zrozumiesz.

Spodziewała się, że jej uwaga go wzburzy, że podniesie głos, jak zwykle, gdy rozmawiali o tych sprawach, ale on odpowiedział spokojnie, a nawet uśmiechnął się dobrotliwie.

– Nie spierajmy się o to, szkoda tego czasu, kiedy tu jesteś.

Przyglądała mu się i temu życiu, jakie wiódł w Aleppo, i aż za dobrze wiedziała, że za najbliższych sobie ludzi uważa teraz tych młodych, z którymi przebywał niemal bez przerwy. Nie to, że ona, matka, a także jego dzieci i żona przestali się dla niego liczyć, ale teraz doszli inni, ci bracia i siostry, o których mógł opowiadać bez końca. Z nimi trzeba było dzielić się posiadaną dotąd na wyłączność i zazdrośnie strzeżoną rolą najbliższych jego sercu.

Było ich tak wielu! Przychodzili z samego rana i przez cały dzień kręcili się po domu, po dziedzińcu z sadzawką. Przesiadywali w salonie, krzątali się w kuchni, niektórzy zostawali na noc. Rozmawiali, naradzali się, spierali, śmiali. Jak na młodzieżowym obozie podczas wakacji, a nie na wojnie. Tylko żadnego dorosłego opiekuna, żadnego nauczyciela z nimi nie było. Sami byli sobie królami. Emirami. A może dlatego właśnie byli tacy pogodni, tacy radośni? Upajali się tą swobodą, jakiej przy starszyźnie by nie zaznali. Na każdym kroku widać było, jak bardzo im się ta wolność podoba, jak im uderza do głowy. Czuli się tacy ważni, ważniejsi i lepsi od rodziców, od starszych. Wyręczali ich w sprawach, o których tamci nie ośmielili się nawet pomyśleć, sięgali bez lęku po to, na co inni nie śmieli dotąd spojrzeć.

I on, Szamil, jej syn, pośrodku nich wszystkich. Wciąż z kimś rozmawiał, kogoś wysłuchiwał, wciąż ktoś o niego pytał, czegoś od niego chciał. Znany był z tego, że potrafi mówić wieloma obcymi językami, więc przychodzili do niego po pomoc, bez niego nie mogli się ze sobą porozumieć. Ale wyglądało to tak, jakby był ich przywódcą, przewodnikiem, emirem. Poza czasem, jaki poświęcał tylko jej, matce, nigdy nie był sam. Czuła wdzięczność dla tych młodych, którzy wiedząc, że przyjechała specjalnie dla niego, nie próbowali go jej odebrać.

W południe wychodził na kilka godzin z domu, jak do pracy. Mówił, że musi załatwić parę spraw, że bez niego sobie nie poradzą. Wracał przed wieczorem. Po pierwszej nocy i nocnej kanonadzie nad miastem Lara uprosiła go, żeby po zmroku nie wychodził już z domu. Przynajmniej dopóki ona tu jest. Obiecał i dotrzymał słowa.

Zabierał ją na spacery po opuszczonej, bezludnej dzielnicy, oglądali porzucone przez gospodarzy pałace i twierdze. Albo jechali samochodem emira na targowisko nakupić warzyw, mięsa na szaszłyki i baraniego farszu na chinkali. Bała się tych wypraw na bazar pośrodku ruin i pogorzelisk, ale nie chciała go puszczać samego. Zwykle zostawała w samochodzie, przyglądając się, jak wybiera pomidory, ogórki, cebulę, mięso. Pewnego dnia poszła jednak razem z nim między stragany. Powoli zapadał zmierzch, a w zburzonej dzielnicy, podobnie jak w większości dzielnic, nie było prądu. Sprzedawcy palili ogniska, lampy naftowe i oliwne kaganki. Tylko gdzieniegdzie jaśniały zielono ożywiane terkoczącymi generatorami żarówki. Między sklepikami i kramami kłębił się tłum przekupniów, osaczanych, obłapianych przez żebraków, kaleki, łachmaniarzy i nędzarzy. Wąskimi uliczkami przebijali się na motocyklach kilkunastoletni chłopcy z karabinami przewieszonymi przez plecy.

Wkraczała między tych ludzi z duszą na ramieniu. Bała się, że jeśli wejdzie w tłum, a ten zamknie się za nią, nigdy już nie wydostanie się na zewnątrz, utonie jak w morzu. Zerkała na Szamila, który szedł tuż przed nią. Ale tłum nie napierał ani nie zamykał się za nimi, lecz rozstępował z nabożnym szacunkiem. W pewnej chwili, kiedy Szamil zatrzymał się przy warzywnym straganie, podszedł do niego starszy mężczyzna, ukląkł przed nim i pocałował w rękę. Szamil szybko podniósł go z ziemi.

– Co to było? – zapytała, kiedy wrócili z zakupami do samochodu. – I kim był ten człowiek?

– Nikim. Nigdy wcześniej go nie spotkałem – wyjaśnił. – Mówił, że dziękuje nam, mudżahedinom, żeśmy przyjechali bronić ich przed wojskiem Assada, żeśmy jako jedyni się za nimi ujęli. Mówił, że świat o nich całkiem zapomniał, że giną, tylko my pamiętamy. Zachód nigdy nie stanie po naszej stronie ani po stronie prawdy – dodał. – Ale niedługo skończy się ten czas zdrad i wyzysku prawowiernych. Dziś bijemy się o Aleppo, ale jutro zdobędziemy Damaszek, Bagdad i Jerozolimę, a potem, z Bożą pomocą, *inszallah*, podbijemy Rzym. A wtedy spełnią się przepowiednie Proroka Mahometa, niech będzie z Nim pokój i błogosławieństwo, pokonany zostanie Antychryst i dopełnią się dzieje świata.

W domu nieraz opowiadał jej o kalifacie, sprawiedliwym państwie wiernych, które miało obalić dotychczasowe porządki, ukarać ciemiężycieli i bezbożników, przywrócić muzułmanom dawną świetność i dumę.

– Z całego świata przybywają do nas bracia, żeby razem zwyciężyć w tej ostatniej z wojen – mówił, wyliczając kraje, z których przyjeżdżali mudżahedini. – Francja, Anglia, Belgia, Niemcy, Holandia, Austria, przyjeżdżają z całej Europy, z Afryki, a nawet z Ameryki i Australii. Arabowie, są tu i Uzbecy, bracia z Kaukazu, z Rosji. Naszych z Czeczenii i z Pankisi też jest tu wielu, ze stu z samej doliny. Jest nas sto tysięcy, a będzie jeszcze więcej. Cały świat staje tu na wojnę.

Zapalał się jak dawniej, w dolinie, kiedy wypominał jej, że Kistowie nie znają Bożego słowa i nie żyją po bożemu. Prosiła wtedy, żeby przestał.

– W głowie mi się od tego miesza – mówiła. – Nie chcę tego słuchać.

Przed zmierzchem szykowała chinkali na kolację, a potem czekała, aż Szamil pożegna gości i pójdzie do siebie. Chwilę później szła na spoczynek i ona. Przystawała pod drzwiami pokoju syna, nasłuchiwała, czy śpi. Nie mogła się powstrzymać. Spał mocno, spokojnie, mimo dobiegających odgłosów nocnej bitwy, które jej nie pozwalały zasnąć.

Wychodziła jeszcze na krużganek, żeby spojrzeć na niebo nad miastem, a dalekie błyski i przytłumione pomruki wybuchających pocisków i bomb przywodziły jej na myśl burze, które latem przetaczały się przez góry Kaukazu. Porządek i rytm dnia był zawsze taki sam, ale powtarzając te same czynności o tej samej porze, wiedząc zawczasu, co będzie dalej, odczuła nieoczekiwany spokój. „Może Pan Bóg da, nie będzie tak źle – pomyślała. – *Inszallah*".

Trzeciego dnia odwiedził ich w domu sam emir. Lara była go ciekawa. To jego rozkazy wykonywał Szamil, jemu podlegał. Od niego miał zależeć los jej syna. Jeśli emir rozkaże mu zginąć, pójdzie na śmierć bez wahania. Ale może go też oszczędzić, potrzebował go jako tłumacza, adiutanta, zausznika.

Emir interesował ją także dlatego, że pochodził z doliny, z sąsiedniej wsi. Był rówieśnikiem Szamila, więc pewnie chodzili razem do szkoły, może nawet do tej samej klasy. Nie pamiętała jednak, żeby się przyjaźnili, nie przychodził do nich do domu ani jej chłopcy nie odwiedzali go w Birkiani. W dawnym, przedwojennym wcieleniu nazywał się Tarchan Batiraszwili. Słyszała o nim, ale jego losy nie interesowały jej, dopóki nie dowiedziała się, że jej syn zaciągnął się na syryjską wojnę i należy do jego świty.

Dobrze znał go za to Omar. A także Ali. To oni, rok później przy ognisku w leśnej pustelni Omara opowiedzieli mi, jak prosty pastuch Tarchan wyrósł na potężnego i złowrogiego emira. Był wtedy na ustach całego świata. Wrogowie mieli go za krwawego i bezlitosnego siepacza, zbrodniarza zagrażającego międzynarodowemu porządkowi, obiecywali miliony za jego głowę. Zwolennicy emira widzieli zaś w nim niezwyciężonego wojownika, wybawcę, nowego Saladyna, bohatera, przyszłego kalifa. Historię o przemianie pastucha w emira zna w dolinie każdy chłopak, a co drugi marzy, żeby i dla niego Opatrzność okazała się tak łaskawa jak dla Tarchana z Birkiani.

Któregoś dnia Ali zabrał mnie do Birkiani, żeby pokazać ubogą chałupę, w której przyszły emir urodził się i dorastał. Leżała na uboczu, z dala od głównej drogi. Zaraz za nią podnosiło się zielone górskie zbocze. Otoczone kamiennym murem domostwo wydawało się opuszczone. Na podwórzu walały się śmieci, a ogródek zarastały chwasty.

– Nikogo tam nie ma – powiedział Ali, usiłując otworzyć krzywą pordzewiałą bramę. Dopiero kiedy zaskrzypiała, drzwi chałupy otwarły się i stanął w nich wysoki starszy mężczyzna w znoszonym filcowym kapeluszu. – To on – powiedział Ali. – Stary Batiraszwili, ojciec Tarchana.

Tejmuraz, prawosławny Gruzin, ożenił się z miejscową, Kistynką, która urodziła mu trzech synów. Tarchan był środkowym dzieckiem. Omar pamiętał go, chociaż poza ryżą czupryną niczym szczególnym się nie wyróżniał spośród innych chłopaków przysyłanych mu z doliny w góry do pomocy przy krowach i owcach. Ali upierał się, że Tarchan już wtedy przewyższał rówieśników krzepą i uporem.

– Jak sobie coś postanowił, nie było takiej siły, która mogłaby go odwieść od jego zamiaru – wspominał przy pasterskim ognisku.

– Dobry był z niego chłopak, robotny, szanujący starszych. Nieraz siedział tu ze mną przy ognisku, jak i wy dzisiaj siedzicie – przytaknął Omar, wodząc wzrokiem po wpatrzonych w niego pasterzach. – Nie on jeden zresztą w dolinie z pastucha stał się żołnierzem. Jak się komuś przyszło tu urodzić, prędzej czy później i tak trafi na jakąś wojnę. Jak nie tu, to w Czeczenii, Gruzji, Abchazji czy Dagestanie. Tarchanowi najwyraźniej pisana była ta syryjska.

Do wojska trafił z poboru. Kistowie zawsze mieli pociąg do wojaczki, a w musztrze i strzeleckich ćwiczeniach widzieli miłą odmianę w życiu. Spodobało mu się tak bardzo, że postanowił zostać żołnierzem. Wojskowa służba to nieustanne przygotowywanie się do wyimaginowanych wojen. Ale kiedy Tarchan trafił do gruzińskiego wojska, wojna wybuchła naprawdę. Rosja najechała Gruzję. Nie był pierwszym ani pewnie ostatnim Kistem, który walczył przeciwko Rosji. Niewielu jednak było takich Kistów, którzy bili się z Rosjanami nie jako partyzanci w górach, lecz żołnierze w regularnej armii. Wojna potrwała ledwie pięć dni, a Gruzini przegrali ją z kretesem, ale Tarchan wykazał się męstwem, sprytem i żołnierskimi talentami. Celnie strzelał, a znajomość gór i nabyta na polowaniach umiejętność podchodzenia dzikich zwierząt uczyniły z niego cenionego zwiadowcę. Dosłużywszy się na wojnie stopnia sierżanta, zamarzył o szarży porucznika albo kapitana i odpowiednim dla niej żołdzie, dzięki któremu mógłby wykarmić rodzinę. Ale nie przyjęto go do akademii wojskowej, a kiedy się rozchorował i lekarze orzekli gruźlicę, został zwolniony z wojska jako niezdolny do dalszej służby.

– Takie tam gadanie. Mało to ludzi choruje, a potem wraca do zdrowia? Zdrów był jak ryba i silny jak niedźwiedź. Nie przez chorobę go zwolnili, tylko dlatego, że Kistem był, Czeczenem. Tak mu podziękowali za wierną służbę. Nie dali awansu, nagrody, orderu, emerytury, nawet za leczenie nie zapłacili – powiedział Ali. – Taki nasz los wszędzie. Mówią ci, żeś złodziej i żebyś się lepiej wziął do jakiejś przyzwoitej roboty. Ale jak chcesz się do niej zabrać, to ci nie dają i mówią, żeś złodziej.

Tarchan wrócił do doliny, ale nie mógł znaleźć dla siebie żadnego zajęcia. Do policji go nie przyjęto, do interesów nie miał głowy. W końcu, żeby zarobić na życie, zajął się przemytem broni. Złapano go, dostał trzy lata, ale w celi znów zapadł na gruźlicę, wypuścili go do domu, żeby nie pozarażał innych.

Zanim trafił do więzienia, przyszły emir nie był człowiekiem pobożnym. Nie był nawet muzułmaninem, lecz prawosławnym chrześcijaninem, jak ojciec i Gruzini. Przestrzegał braci przed niepotrzebnym jego zdaniem religijnym zapałem. W więzieniu sam przeżył nawrócenie i stał się zagorzałym muzułmaninem. Jego ojciec wspominał, że kiedy syn wyszedł na wolność, pierwszego dnia spalił w domu wszystkie rodzinne fotografie jako grzeszne wobec Stwórcy, tak samo jak obrazy, rysunki i rzeźby przedstawiające ludzi lub zwierzęta. Wkrótce potem spakował się i zakomunikował ojcu, że wyjeżdża do Turcji. „Ja tutaj nikomu do niczego potrzebny nie jestem" – powiedział. Ale z Turcji zaraz przeprawił się do Syrii, gdzie od roku trwała już wojna domowa i gdzie przebywał też jego starszy brat Tamaz.

Wystarczył mu zaledwie rok, by z szeregowego partyzanta, mudżahedina z oddziału kaukaskich ochotników, stać się jego dowódcą, emirem, noszącym przybrane imię Abu Omar. Przystał do obozu Abu Bakra al-Baghdadiego, jednego z przywódców powstania, który ogłosił się kalifem Ibrahimem. Tarchan na czele swojego wojska gromił wrogów kalifa w Mosulu i Faludży, a kalif awansował go na jednego ze swoich najważniejszych emirów. Zasiadał teraz w Wielkiej Radzie, będącej wraz z kalifem najwyższą władzą w powstańczym państwie. To właśnie jemu, najwierniejszemu i najdzielniejszemu z emirów, a także jego sprawdzonemu w ciężkich bojach wojsku kalif powierzył zadanie zdobycia Aleppo.

W tamtych czasach nikt się jeszcze nie ważył podawać w wątpliwość dowódczych talentów emira, trafności jego osądów, jego przebiegłości i mądrości. To dopiero miało nastąpić. Wielu z podległych mu komendantów miało oskarżyć go, że zależy mu tylko na łupach i sławie pomnażanej przez zwycięstwa za wszelką cenę, że swoich żołnierzy traktuje jak armatnie mięso, posyła ich na pewną śmierć. Ale kiedy Lara czekała na niego pod Aleppo, a nawet rok później, kiedy Ali zaprowadził mnie do rodzinnego domu emira, mówiono o nim jak o wielkim generale i zdobywcy. I tylko jego ojciec w chylącej się ku ziemi chałupie miał żal do losu, że zabrał mu syna, i do syna, że go samego zostawił w dolinie.

– Mówią o nim, że taki ważny z niego emir, jeden z przywódców całego kalifatu! Dlaczego tu, w Gruzji, się na nim nie poznali? Nie przydałby się im taki żołnierz? Gdyby tylko dali mu jakąś robotę, nie wyjechałby w świat, a ja nie żyłbym dziś jak dziad, sam jak palec i w biedzie. Czy tak żyje ojciec emira? – narzekał stary Batiraszwili, oprowadzając mnie po nędznych izbach, w których jedynymi meblami były metalowe łóżka, stół, kilka krzeseł i żeliwny piec. – Mówią dziś, że wyjechał z powodu wiary, że na dżihad. Ale ja tam swoje wiem. Pojechał, bo nie miał kopiejki przy duszy i żadnych widoków na życie. Jakby miał z czego żyć, to nigdzie by nie pojechał.

Ali był zły na siebie, że zabrał mnie do domu emira.

– Stary za dużo gada. Lepiej by milczał, zamiast pleść bzdury po próżnicy – powiedział rozdrażniony. – Nie zasługuje, żeby być ojcem takiego syna.

Emir przyszedł dopiero po zmroku, na kolację, którą przygotowała Lara z dziewczętami. Potem poszła na piętro do swojej sypialni, żeby jak co dzień doczekać końca posiłku i przyjścia Szamila. Zdrzemnęła się, nie usłyszała pukania do drzwi. „Goście przyszli" – obudził ją głos syna. Stał w progu, zadowolony z siebie jak dziecko, któremu udało się spłatać figla. Obok niego stał wysoki mężczyzna z długą rudą brodą.

– Mamo, to jest Abu Omar. Znaczy się Tarchan. Zostawię was samych, porozmawiajcie sobie chwilę.

Lara nie wiedziała, jak się zachować. Czy ma pełnić honory gospodyni, czy może raczej jest tu gościem? Jak ma się do niego zwracać? Mówić po imieniu czy tytułować emirem? Ale wyglądało na to, że i emir czuł się skrępowany. Sprawiał wrażenie cichego, nieśmiałego, przestępował z nogi na nogę, nie potrafił znaleźć sobie miejsca.

– Prosto z Pankisi? – zapytał.

– Już tydzień, jak wyjechałam – odparła z ulgą.

– To co tam w domu? Co nowego w Birkiani?

Pytał o ludzi, po nazwisku, jak się mewają i co robią? Znał wujka Lary, który także mieszkał w Birkiani. Zapytał, jak się żyje w dolinie, a ona powiedziała, że biednie, ale przynajmniej wojny żadnej nie ma. Zaśmiał się, rozbawiony, ale Lara przestraszyła się, że go uraziła, może powiedziała coś niestosownego.

Przypomniała sobie o podarku, jaki przywiozła emirowi na prośbę Szamila. Wyciągnęła spod łóżka walizkę i odnalazła w niej torbę z czurczchelą. Przywiozła dziesięć sztuk i pomyślała, że może za mało. Ale emir wyglądał na zachwyconego. Odłamał zaraz kawałek i ugryzł.

– Już zapomniałem, jak smakuje – mruknął.

– Kupne, z bazaru w Duisi. Najlepsze są na jesieni, kiedy wszystko świeże. I orzechy, i sok z winogron.

– Tutaj takich nie ma – powiedział, jakby nie słuchając, co do niego mówi.

Rozmawiali tak może z godzinę, kiedy zauważyła, że zaczął się niezgrabnie zbierać do wyjścia. Wyraźnie szukał dobrych słów na pożegnanie.

– Powinnaś być dumna z syna. To moja prawa ręka, bez niego bym sobie nie poradził. Cały czas mam go przy sobie, gdzie ja, tam i on. No, ale i takich matek jak ty to ze świecą szukać.

Przeraziła się, że zaraz odejdzie, a ona nie zapytała go o nic, chociaż tylu rzeczy chciała się od niego dowiedzieć. Co zamierza? Co zamierzają? Co z nimi będzie? Ucieszyła się, poczuła dumę, kiedy tak wychwalał Szamila, że taki mu potrzebny i że taki dobry z niego mudżahedin i muzułmanin. Dopiero gdy wyszedł, zaświtało jej w głowie, co to naprawdę oznacza. Oznaczało, że nie pozwoli jej zabrać syna. Nie jej stronę będzie trzymał, nie jej będzie sprzyjał. Nie rozkaże Szamilowi, żeby matki słuchał, nie odeśle go do domu. Może więc i dobrze, że nic mu nie powiedziała.

Czwartego dnia, jakoś tak w południe, dom zaroił się od gości. Przed drzwiami pojawiły się rzędy butów jak w piątek w meczecie przed modlitwą. Wojskowe kamasze, znoszone sportowe trzewiki, sandały z rzemieni. W sieni i w salonie, w kuchni kręcili się młodzi ludzie. Ożywieni, niezwykle czymś przejęci, rozmawiali, a raczej przekrzykiwali się, przerywając sobie nawzajem i gestykulując. Lara zamierzała właśnie zejść na dół, ale na widok obcych mężczyzn wycofała się zaraz i wróciła do siebie.

Pomyślała, że może ktoś ważny przyjechał w odwiedziny. Przyjechał niezapowiedziany, bo Szamil uprzedziłby ją, gdyby wiedział o wizycie. Młodzi na dole wydawali się z czegoś bardzo zadowoleni, winszowali sobie nawzajem, padali sobie w ramiona, jakby wydarzyło się coś szczególnie dla nich radosnego, dobrego. A może to było jakieś tutejsze święto?

Przez uchylone drzwi nasłuchiwała, co się dzieje na dole, nadaremnie próbując wychwycić znajomo brzmiące słowa, odgadnąć, o czym rozmawiają. Dopiero po południu, kiedy goście w końcu wyszli, zeszła na dół. Szamil też zbierał się do wyjścia.

– Stało się coś? Skąd się wzięli ci wszyscy ludzie? – zapytała.

– A stało się, stało! Wielkie zwycięstwo! Pamiętasz tę wieżę, co ci pokazywałem, jak jechaliśmy na bazar?

Pamiętała, a jakże. Powiedział, że to wieża kontrolna w wielkiej wojskowej bazie lotniczej, z której samoloty i śmigłowce Assada wyruszają do nocnych nalotów na Aleppo. Mówił, że mudżahedini już od kilku tygodni oblegają tamtejszy garnizon, odcięli mu wszystkie drogi zaopatrzenia, ale trzy tysiące broniących go żołnierzy odpiera szturm za szturmem, wielu braci zginęło.

– A dziś rano udało się nam przebić! Trzej bracia z Belgii. Ich trzech tylko, a położyli trupem stu! Taki wyczyn! Taka zasługa!

Nie rozumiała. Nie mogła się połapać, o kim mówi? Kogo nazywa braćmi?

– Trzej bracia muzułmanie. Wbili się samochodem w pierścień obrony i zrobili wyłom. Teraz, jak Bóg da, *inszallah*, dostaniemy się do środka. Weźmiemy cały garnizon i uwolnimy to dzielne miasto. Wiesz, że Aleppo było zawsze przeciwko Assadowi i teraz on je za to tak karze.

– Jak to się wbili? We trzech przeciwko tysiącom?

– Wjechali rozpędzonym samochodem między bunkry Assada i wysadzili się w powietrze. Taki wyczyn! Taka zasługa! Taka radość! I zostali męczennikami, szahidami, jeszcze dziś będą odpoczywać w rajskich ogrodach. Jakże ja im zazdroszczę!

A więc to z tego powodu tak świętowali rano! Nie zwycięstwo nawet, ale to, że tamci trzej zginęli. Jakby ich śmierć była powodem do radości i dumy. Zamiast żałoby wesele!

– Co ty mówisz, dziecko! – Podniosła dłonie do twarzy, jakby chciała się przed czymś osłonić. – Jakże to? Śmierci zazdrościć?

– Allah ich sobie wybrał. Co może być większym szczęściem i spełnieniem życia, niż oddać je za wiarę i na pożytek innym? Każdy mudżahedin o tym marzy.

– Żyć trzeba, życiem się cieszyć.

– Żyć, żyć… za wszelką cenę żyć… wszystko się musi opłacać… Tak właśnie myślą niewierni i dlatego ich pokonamy. Gdyby to życie było takie ważne, toby Bóg Najwyższy nam o tym powiedział. To wszystko tutaj jest tylko doczesne i przecież życie każdego tu dobiegnie końca, a to prawdziwe zacznie się dopiero po śmierci. Każda minuta, każda godzina ją nam przybliża. Śmierć przychodzi nie z prawa ani z lewa, ani nie czai się z tyłu, ale idzie prosto na spotkanie. I nikt jej nie uniknie, i wszyscy staniemy przed Najwyższym. Co mu powiemy, kiedy zapyta, czego dokonaliśmy? Nie jesteśmy tu dla dóbr doczesnych, tylko żeby dowieść swojej miłości do Boga. Mudżahedin, ten, kto gotów jest oddać życie za wiarę i za braci, którym dzieje się krzywda, najprędzej zasłuży na łaskę i zbawienie. Uniknie mąk choroby i niedołęstwa, a na dodatek będzie miał prawo wstawić się u Najwyższego za swoich bliskich. To jest moje przeznaczenie i moja droga, którą chcę do Niego iść.

– W głowie mi się od tego miesza.

– Wiedziałem, że będzie ci to trudno pojąć – powiedział. Podszedł bliżej, pochylił głowę. – Widzisz?

Delikatnie, niemal pieszczotliwie rozgarnęła mu palcami włosy i dopiero teraz zobaczyła szeroką różową bliznę. Powiedział, że został ranny. Ponad rok temu. Dwaj przyjaciele, którzy byli wtedy razem z nim, zginęli na miejscu, widział ich ciała. Zostali męczennikami, szahidami, poszli do raju. A jego wywieźli do Turcji, do szpitala. Stracił wiele krwi, ale przeżył. Też chciał umrzeć, odejść razem z przyjaciółmi. W szpitalu przez sześć godzin nie pozwalał lekarzom się do siebie zbliżyć, opatrzyć ran. Pilnował, żeby mu nie robili zastrzyków, nie podawali środków uśmierzających ból. Wszystko na nic, bo w końcu stracił przytomność i go odratowali.

– A byłem już tak blisko... – westchnął.

– Boże, bądź łaskaw – wyszeptała.

Powiedział, że musi wyjść i wróci później niż zwykle. Mieli ważną naradę, musieli omówić poranne wydarzenia, ustalić jakiś plan.

– Prawie nie rozmawiamy... – poskarżyła się.

– Jak to? Rozmawiamy codziennie. O czym jeszcze chcesz rozmawiać?

– O tyle rzeczy chcę cię zapytać. Jakoś się nie składa... Mówiłam ci, że w filmie zagrałam rolę? Film jest francuski, ale o naszej wojnie, w Czeczenii...

Obiecał, że porozmawiają wieczorem, ale wrócił do domu z czterema Czeczenami z tego samego miasteczka w Alpach, w którym mieszkał z rodziną. Poprzedniego dnia przyjechali do Syrii drogą, którą przebyła Lara. Jeden z gości był dalekim kuzynem Szamila ze strony ojca. Przywiózł mu z domu rzeczy: przenośny komputer, ubrania, buty, skórzaną kurtkę. Przygotowując kolację, widziała, że syn wszystko rozdał. Zatrzymał tylko komputer. Larze żal było zwłaszcza kurtki, wyglądała na nową, porządną. A i buty by mu się przydały, bo te, w których chodził, prawie się rozpadały. I ubrań nie miał wcale. Nosił wciąż tę samą niebieską koszulę i te same szarawary, w których wyglądał jak jakiś Afgańczyk czy Uzbek. Prała mu je na noc, żeby do rana przeschły i mógł włożyć czyste.

Poszła do siebie na górę, żeby poczekać, aż goście pójdą, sprzątnąć po kolacji, wziąć od syna ubranie do prania, wywiesić je na dziedzińcu. Odtwarzała w myślach ich przedpołudniową rozmowę i była bliska rozpaczy. Zdarzało się już, że nie zgadzali się ze sobą, spierali o tysiąc spraw. Nigdy wcześniej nie było jednak między nimi tak ogromnej przepaści. Może dlatego już się nie kłócili. Do tego potrzebne jest przecież coś, co łączy, a ona nie potrafiła już nadążyć za myślami Szamila. Kiedyś wiedziała, co go cieszy, co złości, czego się boi. Wiedziała, co znaczy, kiedy mówił, że kocha albo że nienawidzi. Kochała i nienawidziła razem z nim. Teraz nie potrafiła już dzielić z nim uczuć, nie umiałaby ich nawet nazwać. To, co ona uważała za dobro, dla niego było złem, co u niej białe, dla niego było czarne, a za zwycięstwo uznawał coś, co dla niej było klęską. Jak miała go uchronić od czegoś, czego najbardziej w życiu pragnął i do czego za wszelką cenę dążył? Rozumiała, że cierpienie może być tak straszne, że ludzie o śmierć proszą, byle się od niego uwolnić. Ale żeby jej szukać? Czasami zdawało się jej, że to wszystko nie może się dziać naprawdę, że może to tylko sen, z którego kiedyś się przecież obudzi. Patrzyła na syna i widziała wciąż tego samego chłopca, swojego Szamila. Myślała, że wystarczy chwycić go za ramiona, potrząsnąć, krzyknąć, obudzić, przemówić do rozumu. Może potrzebny będzie płacz, błagania, przecież nad matką musi się ulitować. „Słowa tu na nic – pomyślała. – Boże, bądź łaskaw..."

Obudziło ją pukanie do drzwi.

– Śpisz? – zapytał.

– Położyłam się na trochę i widać przysnęłam. Już tak późno się zrobiło? Poszli już wszyscy?

– Nie, zostaną na noc. Ale pomyślałem, że jeśli nie jesteś za bardzo zmęczona, to może byśmy porozmawiali chwilę.

– W ogóle nie jestem zmęczona. – Podniosła się na łóżku, a on przysiadł na jego skraju.

– Mamo, kiedy ty myślisz wracać?

Zdziwiła się. Nawet się nie zastanawiała, na jak długo do niego przyjechała. Zamierzała zostać, ile będzie trzeba, żeby go stąd zabrać. Wiedziała już, że będzie trudniej, niż sądziła, i pewnie wypadnie zostać dłużej, niż mogła przypuszczać.

– Do domu?

– Chyba musisz się powoli zbierać.

– Siedem dni... siedem miało być...

– Pozmieniało się... Mówiłem ci rano. Nasi spróbują zdobyć to lotnisko. Nie wiadomo, jak będzie... Potem może być trudniej się stąd wydostać...

– Kiedy mam jechać?

– Jutro najlepiej... Rano przyjedzie samochód z ochroną.

– Bez ciebie nigdzie się stąd nie ruszę...

– Ty naprawdę przyjechałaś, żeby mnie stąd zbrać... – Uśmiechnął się z niedowierzaniem. – Mówiłaś, że chcesz się tylko pożegnać. No to się pożegnajmy.

– A ty myślałeś, że ja do ciebie przez pół świata w gości jadę? Do tego piekła! Że dam ci zginąć i jeszcze może pobłogosławię? Nie dam ci życia zmarnować! Ja ci je dałam, to ja cię na ten świat wydałam... – Bała się, że jak przestanie mówić, wszystko się skończy, wyrok zapadnie i nic, żadna miłość i żadne słowa go nie cofną. – O dzieciach swoich pomyśl...

– Swoje życie Bogu zawierzyłem, a w Świętej Księdze jest powiedziane, że Allah najlepiej zatroszczy się o rodziny jego mudżahedinów i nie pozwoli, by stała się im krzywda.

– Jeszcze jakby to była nasza wojna, w Czeczenii, tobym rozumiała. Ginąć za swój kraj, walcząc z wrogiem, który na twoich nastaje... Ale tu? Na obczyźnie? Za obcych? To nie twoja wojna. Nie widzisz, że was wykorzystują, na wytracenie przodem posyłają, sprzedają jak niewolników. Sama widziałam tych Arabów w Gaziantepie.

– Mnie tu dobrze, znalazłem wreszcie swoje miejsce i pierwszy raz czuję, że żyję. Żałuję, że tego nie rozumiesz, bobyś się może tak nie martwiła. Ja stąd nie wyjadę. Już nigdzie nie wrócę.

– To i ja zostanę z tobą.

– Nie zostaniesz, nie możesz. Emir kazał cię jutro na granicę odesłać. To nie pora ani miejsce na odwiedziny.

Tej ostatniej nocy nie zasnęła. W ciemnościach słuchała głuchych wybuchów. Przysnęła dopiero przed świtem, robiło się szaro. Kiedy się obudziła, Szamil był już na nogach, a w kuchni krzątały się dwie dziewczyny, których wcześniej nie widziała. Przed domem czekał potężny samochód emira i jeszcze dwa do obstawy.

Wyruszyli przed południem, a po drodze dołączyły do nich jeszcze trzy pojazdy, pełne obwieszonych karabinami partyzantów.

– Masz świtę jak sam emir – zażartował Szamil.

W samochodzie dał jej torbę z prowiantem, który przygotowały dziewczyny w kuchni.

– Ci, co w podróży, mają odpust.

Powiedział, że nic więcej nie może dać na drogę, nawet paru dolarów na bilety czy wodę. Nic nie ma, nic poza tą koszulą na grzbiecie i karabinem.

Zatrzymali się przed wielką żelazną bramą. Wysiedli z samochodu i doprowadził ją do przejścia na drugą stronę granicy. Uśmiechał się dobrotliwie, a potem pogładził ją po ukrytych pod hidżabem włosach. Prawie nie rozumiała, co mówi.

– … za to, w co wierzę, a jeśli zginę, od razu pójdę do raju. Zresztą, może wcale nie zginę, może mnie Allah do siebie tak prędko nie wezwie. Zobacz tylko, ten mój przyjaciel, u którego mieszkałaś. Walczy już ponad dwadzieścia lat, dorobił się, żonę znalazł, dzieci odchował. Będzie dobrze, jeszcze będziesz do mnie przyjeżdżać, wnuki niańczyć.

Szedł z nią do miejsca, gdzie stali żołnierze. Kazał jej iść dalej. Poruszała się, mówiła, ale jakby była gdzieś obok, wszystko działo się poza nią. Czuła pustkę w głowie i narastające zmęczenie, wyczerpanie. Czuła, że nie ma już sił na nic – ani żeby coś przedsięwziąć, ani choćby na to, żeby się z czymś nie zgodzić. Wartownik gestem ręki zażądał paszportu. Już prawie była po drugiej stronie, wszystko się skończyło.

– Ale synku... – usłyszała własny głos.

I tyle go widziała. Znów zrobiło jej się słabo. Kazali jej iść, coś robić, zadawano jej pytania. Ale nie mogła nic mówić, odpowiedzieć na żadne z nich.

Z powrotnej drogi nie pamiętała prawie nic. Poza tym, że wszystko odbywało się tak samo jak wtedy, gdy jechała do syna. Tyle że w odwrotnym kierunku. Zaraz za turecką granicą czekał na nią ten sam przewodnik. Zawiózł na dworzec, kupił bilet, usadził na miejscu w autobusie. W Stambule czekał następny. Znów wszystkim się zajął, za wszystko zapłacił, poczekał do odjazdu. Pozwalała sobą kierować, robiła, co kazali, o nic nie pytała, nic nie mówiła.

Drogę do gruzińskiej granicy przespała. Dopiero po drugiej stronie oprzytomniała. Może to dźwięk gruzińskiej mowy pomógł jej wyrwać się z odrętwienia i to, że po raz pierwszy od tylu dni rozumiała wszystko, co ludzie wokół mówili. „Może wszystko będzie dobrze... Ten z Afganistanu ma rodzinę, dom jak się patrzy... ponad dwadzieścia lat... – pomyślała. – Powiedział: wreszcie czuję, że żyję. Może więc tylko tak mówił, jak to on, a do umierania wcale się nie zbiera. Nie na jej to głowę, ale faktycznie wyglądał na szczęśliwego. I wszyscy go znają, szanują... figura. Może Pan Bóg da..."

Wieść, że wróciła z Syrii, szybko rozeszła się po dolinie i w jej domu w wiosce Dżokolo drzwi nie zamykały się za niezapowiedzianymi gośćmi. Przychodziły matki chłopaków z Pankisi, którzy mówili w domach, że wyjeżdżają za chlebem albo na naukę w świat, a potem widziano ich w Syrii. Teraz pukały do drzwi, rozglądając się, czy ktoś ich nie widzi, nie pomyśli, że skoro odwiedzają Larę, to i ich synowie wywędrowali na wojnę. A potem, siedząc niespokojnie za kuchennym stołem, pytały, czy nie widziała może tam w Syrii ich Ramzana, Murada czy Beso. Może chociaż coś słyszała? Może ktoś coś mówił... Abu, wysoki taki, chudzieńki, bliznę miał taką szeroką, od nosa do żuchwy, bo się kiedyś pobił z gruzińskimi chłopakami z Matani i jeden przejechał go nożem po twarzy. Nie widziała? A może mojego widziałaś? Isę. Znali się z twoimi synami, przychodził nawet do was do domu. Lara nie miała pojęcia, że aż tylu młodych z doliny trafiło do Syrii, zaciągnęło się na wojnę. Może gdyby zawczasu wiedziała, popytałaby się, bardziej nadstawiła ucha. A tak, to tylko swojego syna próbowała do domu ze sobą zabrać.

Czwartego dnia od powrotu z Aleppo wybrała się na targowisko do Telawi na zakupy. Telefon zadzwonił, ledwie weszła między stragany. Numer, który się wyświetlił na ekranie aparatu, nie był miejscowy, od razu poznała, że zagraniczny. Dzwonił Raszid, młodszy syn.

– Szamila już nie ma – powiedział cichym, smutnym głosem. – Zginął. Męczennikiem został nasz Szamil, szahidem.

Lara pamięta tylko, że odłożyła telefon do torebki. Obudziła się w szpitalu. Lekarz powiedział jej, że straciła przytomność, uderzyła potylicą o trotuar. To bardzo niebezpieczne, ostrzegł. Zalecił, żeby przez najbliższe dni starała się nie wykonywać żadnych nagłych ruchów, niczego nie dźwigać i w ogóle się oszczędzać, unikać wzruszeń. Zapytał, czy już jej się kiedyś coś podobnego przytrafiło. Powiedział, że zrobi jej zastrzyk na wzmocnienie, zaraz poczuje się lepiej, a ona odparła, że nie chce żadnych zastrzyków.

I rozpłakała się, bo przypomniała sobie, że i Szamil nie chciał zastrzyków, tylko żeby pozwolono mu spokojnie umrzeć.

Przeleżała w szpitalu dwa tygodnie. Kiedy lekarze dowiedzieli się, co ją spotkało, nie chcieli prędko wypuścić jej do domu, przekonywali, że lepiej będzie, jak przez jakiś czas zostanie pod ich opieką. Zaraz po powrocie do domu wysłała Raszidowi wiadomość, że pilnie musi się z nim rozmówić. Ostatnimi czasy rzadziej ze sobą rozmawiali. Tłumaczyła sobie, że jest dorosły, ma swoją rodzinę, swoje problemy i swoje życie. Wystarczała jej świadomość, że wie, gdzie go szukać, i że w każdej chwili może się do niego odezwać.

Raszid zjawił się jeszcze tej samej nocy. Ledwo go poznała. Miał długą brodę i ogoloną czaszkę. Pomyślała, że ogolił głowę na znak żałoby po śmierci brata, ale zarost ją zaniepokoił, zanadto przypominał brody, jakie nosili mudżahedini. W Czeczenii, w Pankisi, w Aleppo. Szamil powiedział jej w Aleppo, że i Raszid dwa razy jeździł już do Syrii, walczył. Szamil był z niego bardzo dumny. Mudżahedini w Aleppo nazywali Raszida hafizem, strażnikiem Księgi. Taki tytuł nadawano tylko tym, którzy znali Koran na wyrywki, strzegli go w swojej pamięci i wyjątkowo pięknie potrafili go recytować. Na recytacje Raszida przychodziły tłumy. Bracia ustalili między sobą, że będą jeździć do Syrii na zmianę, że gdyby jednemu przyszło zginąć, drugi zajmie się rodzinami.

– Nie ma już Szamila. A ty co zamierzasz?

– I ja powinienem zrobić to co on, pójść jego drogą. To było też i moje marzenie.

Ale kiedy zapłakała, obiecał, że nie pojedzie na wojnę.

– Wybacz mi, nie chcę, żebyś cierpiała. Nie martw się, będę się tobą opiekował, nie zostawię cię samej.

– Nie wolno ci inaczej. Jeden mi tylko zostałeś. Jedynaków nie biorą do wojska, a i emirowie do partyzantki nie przyjmują.

Raszid obiecał, co chciała. Po paru dniach zadzwonił i opowiedział jej, że Szamil zginął nocą, zaraz po bitwie o lotnisko Menagh, które mudżahedini w końcu zdobyli. Raszid widział w internecie fotografię brata w lotniczym hangarze, przy zdobycznym samolocie. Wyglądało na to, że zdjęcie zrobiono tuż przed jego śmiercią. Powiedział też, że z powodu bitwy o lotnisko wśród komendantów kaukaskich mudżahedinów doszło do sporu. Ci, którzy wcześniej walczyli w Czeczenii, trzymali się razem także w Syrii i z góry patrzyli na takich jak Szamil, a nawet emir Abu Omar, którzy w partyzanckiej wojnie na Kaukazie nie brali udziału. Po szturmie na lotnisko czeczeńscy weterani oskarżyli emira Abu Omara, że podczas walk wytracił niepotrzebnie dziesiątki partyzantów, słał ich do szturmu jak sułtan janczarów. Szli do przodu na okopy wroga po trupach swoich towarzyszy.

Raszid dzwonił jeszcze kilkakrotnie, a raz czy dwa pojawił się też na ekranie komputera. A potem zamilkł, zniknął. Przeczekała dwa tygodnie i zadzwoniła, chociaż umówili się, że to on się będzie odzywać. Nie odebrał telefonu. Poczekała miesiąc, ale nic się nie zmieniło.

Już wtedy, gdy zadzwonił z wieścią o śmierci brata, poczuła grozę, mrok, ale rozpacz po stracie Szamila zabrała jej resztkę sił i przyćmiła złe przeczucia. Kiedy powiedziano jej, że Szamil pojechał na wojnę do Syrii, wpadła w przerażenie i nie chciała wierzyć. Ale gdy okazało się to prawdą, wiedziała, że za starszym synem pojedzie i młodszy. Zawsze byli nierozłączni, wszędzie razem, gdzie jeden, tam drugi, jakby nie mogli bez siebie żyć. I po prawdzie tak właśnie było. Tylko w sobie mieli oparcie.

W końcu zaczęła wydzwaniać dzień w dzień. Raszid nie odbierał telefonów, a jego żona uspokajała ją, a to że wyjechał w interesach, a to że się wybrał w odwiedziny do przyjaciół. Podczas którejś rozmowy, ściskając kurczowo w rękach słuchawkę telefonu, Lara poczuła nagle pewność, że straciła i drugiego syna.

– Wiem, że jest w Syrii – powiedziała synowej. – Ludzie go widzieli.

Zmyśliła to, ale musiała znać prawdę. Dziewczyna wybuchła płaczem.

– Tak, to prawda, pojechał – przyznała.

Po powrocie z Aleppo czekała w domu na wiadomość o śmierci Szamila. Kiedy uświadomiła sobie, że na wojnę do Syrii pojechał także Raszid, wiedziała, że i on zginie. Chyba że ona go uratuje.

Postanowiła, że jeszcze raz pojedzie do Aleppo, odnajdzie emira, a przy jego pomocy także Raszida. I nie wróci do doliny bez niego. Słyszała, że w Azerbejdżanie, w Dagestanie, Kabardzie i w Rosji wsadzano do więzienia tych, co walczyli w Syrii, a potem wracali z wojny do domów. W Gruzji też szykowano odpowiednie prawo. W Czeczenii ogłoszono, że za tych, którzy pojechali na syryjską wojnę, będą karani ich rodzice i bracia, a ich domy rodzinne zrówna się z ziemią. „A niechby i posiedział, przynajmniej bezpieczny będzie. Wszystko lepsze niż śmierć – uznała Lara. – Zresztą może go europejski paszport uchroni i wypuszczą go na wolność wcześniej. W końcu to Europejczyk!"

Jeszcze raz zadzwoniła do żony Raszida. Kazała mu powiedzieć, że dowiedziała się o wszystkim i że ma się z nią natychmiast skontaktować. Z tych nerwów i trosk znów zasłabła i trafiła do szpitala w Tbilisi.

Telefon zadzwonił podczas obchodu i nie mogła go odebrać. Zerknęła tylko na aparat i rozpoznała numer bratowej. Po godzinie zadzwoniła znowu.

– Jak ty się czujesz? – zapytała. – Muszę ci coś powiedzieć.

– Nic mi nie musisz mówić! Niczego nie chcę wiedzieć! – zawołała Lara i rzuciła telefon, który rozpadł się na kawałki.

Straciła Raszida...

Ale jego śmierci nie potrafiła sobie wyobrazić. Po jakimś czasie dowiedziała się tylko, że stało się to podczas bitwy na przedpolach Aleppo. Tę akurat potyczkę partyzanci przegrywali. Ścigani przez syryjskie wojsko odstępowali po nieudanym szturmie na więzienie Assada. Powiedziano jej, że Raszid rzucił się na pomoc swojemu dowódcy uwięzionemu pod ogniem w jednym z budynków.

Jedni mówili, że Raszid został trafiony pociskiem snajpera, zanim zdążył dobiec do kryjówki dowódcy. Inni widzieli, jak wbiegł do środka, a po chwili cały budynek wyleciał w powietrze, trafiony artyleryjskim pociskiem. A może, biegnąc wśród ruin, Raszid sam uruchomił ukrytą w nich minę?

Nikt go więcej nie widział, nie znaleziono też ciała. Nikt go nie szukał wśród gruzów i nie sprawdził, czy żyje, żeby rannego wydostać spod ognia i odwieźć do wojennego szpitala. Cała dzielnica wraz z rannymi i poległymi podczas walk została wkrótce zajęta przez rządowe wojsko.

– Nawet do męczenników, do szahidów, go nie zaliczyli. Nikt nie miał pewności, czy zginął, i nie mogli go uznać za męczennika ani za bohatera jak Szamila. Nie wpisali go nawet na listę zasłużonych, nie pochowali w specjalnej mogile.

W głosie Lary usłyszałem nutkę żalu czy pretensji do losu, jakby uważała, że młodszemu z jej synów stała się krzywda, nie potraktowano go sprawiedliwie, nie zaliczając w poczet męczenników.

– A przecież walczył i zginął jak starszy brat. – Uśmiechnęła się niespodziewanie, trochę ironicznie, trochę smutno, jakby sama rozumiała tę swoją niekonsekwencję. Robiła przecież wszystko, żeby obu synów od tej listy zasłużonych uchronić, a teraz miała żal, że Raszid się na niej nie znalazł. Ot, życie! – Za życia byli zawsze razem. Dopiero śmierć ich rozdzieliła. Obaj mówili, że jak umrą, pójdą w to samo miejsce, że niewypowiedzianie piękne hurysy przyjdą po nich w godzinę śmierci, żeby pokazać drogę do raju, więc może to wszystko prawda…

Jakiś czas wyczekiwała jeszcze na telefon, z Europy albo z Aleppo, zwiastujący cud zmartwychwstania. Ale Raszid już nie zadzwonił. Po kilku tygodniach przysłano z Syrii jego portfel, który zostawił przed bitwą. Garść banknotów, dokumenty, notes z adresami i numerami telefonów. Wszystko, co po nim zostało.

Kiwała przez chwilę głową, oszczędnym, gospodarskim ruchem kogoś, kto nie ma wiele sił i musi je dobrze wydatkować, żeby nie wyczerpały się przed czasem. Dłuższą chwilę milczeliśmy i sądziłem, że to już koniec naszej rozmowy, kiedy pochyliła się ku mnie nad stolikiem jak ktoś, kto ma na koniec do powiedzenia coś ważnego.

– Nie odeszli tak całkiem. – Uśmiechnęła się porozumiewawczo, ciepło, jakby chciała mnie po tym wszystkim, co usłyszałem, pocieszyć. – Wieczorami włączam komputer i ich sobie oglądam. Wiem, gdzie ich szukać i co zrobić, żeby mi się na ekranie pokazali jak kiedyś. Wpierw Raszid. Siedzi na kanapie u siebie w domu w Europie. Ale nie patrzy na mnie. Ma zamknięte oczy. Recytuje z pamięci Koran, choć brzmi to jak śpiew, jak któraś z tych naszych pieśni z Kaukazu, taka smutna, taka tęskna. Pięknie Raszid śpiewa, mogłabym go długo słuchać, chociaż nie rozumiem ani słowa. Głos i słuch musiał mieć po mnie. A na jego kolanach siedzi mój najmłodszy wnuk. Czort jeden. Przeszkadza ojcu, ciągnie go za brodę. I patrzy na mnie, jakby to przede mną się popisywał, a nie przed kamerą.

Szamil przychodzi z pomarańczowego gaju, który rósł przed domem w Aleppo. Dom też zresztą widać, ale ledwie tylko, daleko i za murem. Dopiero teraz przyjrzałam się dobrze Szamilowi i zobaczyłam, jaki zabiedzony był. Pewnie po tej ranie w głowę nie doszedł jeszcze do siebie. Wtedy, jak u niego byłam, jakoś nie zwróciłam na to uwagi, czym innym myśli miałam zajęte. Szamil, Szamil... Czasami patrzę na niego i zdaje mi się, że zaraz powie jak to on: Mamo, goście przyszli. Ktoś go prosi, żeby powiedział coś, wezwał braci do walki. A on zaczyna mówić, najpierw spokojnie, ale zaraz zapala się, zaperza, coraz głośniej mówi, rękami macha... cały on. Z początku nic nie rozumiałam, bo po arabsku było wszystko, ale potem znalazłam i tłumaczenie na rosyjski. Na wojnę wzywał, żeby do Syrii przyjeżdżali i nie chowali się przed śmiercią, bo i tak nikt jej nie uniknie. Jak tak patrzę na niego, to aż mnie ochota bierze, żeby powiedzieć: nie chcę tego słuchać, przestań.

Lara chciała jeszcze pojechać do Syrii, pod Aleppo, stanąć nad mogiłą Szamila i przynajmniej zobaczyć miejsce, gdzie zginął Raszid. Znalazła sposób, żeby napisać do samego emira Abu Omara, tego, u którego Szamil był tłumaczem i adiutantem. Kazał jej przekazać, że nie zgadza się na jej przyjazd.

– Kazał mi powiedzieć, że nie mam tam już czego szukać. I że nie ma co rozpamiętywać, co było, odbierać spokoju zmarłym. Żyć trzeba, nie umierać. Tak mi kazał powiedzieć.

* * *

Lara odwiedza regularnie małe miasto w Alpach, w którym kiedyś mieszkali Szamil i Raszid, i w którym zostawili swoje rodziny, żony wdowy i szóstkę dzieci. Mieszka tam także ojciec jej synów, jej dawny mąż. Nie rozwiedli się, ale i nigdy nie zeszli, odkąd rozdzieliła ich wojna. Nawet nie próbowali, przestali dla siebie istnieć. Lara nie wie, jak jej mąż żyje ani co robi. Nie rozmawiała z nim nawet po śmierci synów. I w ogóle nie chce o nim mówić.

Po raz pierwszy pojechała do alpejskiego miasteczka rok po śmierci synów. Chciała poznać wnuki. Jako pierwsi w rodzinie przyszli na świat nie w dolinie Pankisi ani na Kaukazie, lecz w Europie. Pierwsi Europejczycy w rodzinie.

Chodziła z nimi na spacery ulicami miasta, w którym i jej synowie mieli z kaukaskich górali stać się Europejczykami, obywatelami lepszego świata. Przyglądała się ludziom, kamienicom, parkom, próbując odkryć, co w tym miejscu było takiego, co odmieniło jej synów. Któregoś dnia usłyszała, jak Cheda, żona Szamila, mówi o braciach w wierze, kalifacie i dżihadzie. Lara z początku sądziła, że się przesłyszała, ale parę dni później dziewczyna znów opowiadała o męczennikach, szahidach, i że sama najchętniej poszłaby za mężem.

Od tamtego czasu Lara jeździ w Alpy co roku, na długo, na kilka miesięcy. Wyjeżdża z końcem zimy, kiedy robi się cieplej i starym rodzicom lżej się obejść bez opieki. Wraca jesienią, kiedy Kistowie w dolinie wyruszają w góry zbierać jadalne kasztany i sprzedają je za grosze kupcom z Azerbejdżanu i Turcji, którzy zajeżdżają wielkimi ciężarówkami do Duisi.

Nigdy nie zrozumiała, co stało się z Szamilem i Raszidem. Wiedziała już chyba – w czasie gdy się poznaliśmy – że nigdy tego nie zrozumie, ale sądziła, że jeśli będzie przy wnukach, jeśli ich dopilnuje, w jakiś sposób, swoją obecnością, przeciwstawi się tej niepojętej sile, która zabrała jej synów.

Nie rozstała się z myślą o założeniu pensjonatu dla cudzoziemskich wędrowców, zamierzając zaangażować w swoje przedsięwzięcie Omara z gór i kuzyna Alego. Ali dobiegał już czterdziestki i w dolinie nie mógł zarobić na utrzymanie rodziny. Pojechał nawet do Syrii, zaciągnął się na wojnę, ale wrócił po pół roku. Teraz nudził się we wsi, narzekał, że nie ma o co rąk zaczepić. Przesiadywał w górach u Omara, gdzie przy ognisku opowiadał pasterzom o wojnie i pokazywał na ekranie telefonu krótkie filmy nagrane w Syrii. Defilady partyzantów, musztrę, ćwiczenia na strzelnicy, a także chaos bitewny, okrzyki „*Allahu akbar*", zmasakrowane ciała poległych towarzyszy. Młodzi pasterze nie odrywali wtedy od niego wzroku. Słuchali, poruszając bezdźwięcznie ustami, jakby powtarzając każde słowo, chcieli sprawić, by jego opowieść stała się ich opowieścią, a wszystko, co widział i przeżył – ich losem.

Któregoś wieczora wśród słuchaczy Ali zobaczył kolegę swojego piętnastoletniego syna. Nazajutrz przybiegł do Lary.

– Jeszcze rok, dwa i mój chłopak skończy jak ja albo jak twoi synowie – powiedział.

Próbował wyjechać z rodziną do Europy jako uchodźca. Dowiedział się skądś, że w Niemczech z okazji jakiegoś ważnego święta przyjmą każdego, kto zapragnie się tam osiedlić. Byle zdążył przyjechać przed wyznaczonym terminem. Lara tłumaczyła, że to oszuści tak mamią ludzi, namawiają ich do wyjazdu w świat, żeby za pół darmo kupić od nich domy i gospodarstwa.

Ali nie posłuchał. Domu nie sprzedał, ale zapożyczył się na drogę u sąsiadów. Nie wpuszczono go do Europy, więc wrócił do doliny i znów zaczął myśleć o wyjeździe na wojnę do Syrii. Powiedziała mu, że jeśli tak zamierza postąpić, to lepiej, żeby od razu zabrał ze sobą i syna, niech zginą razem, przynajmniej jeden nie będzie płakać po drugim. Obiecał, że nie pojedzie, rozejrzy się za robotą w Tbilisi albo w Baku, a Lara mu uwierzyła i uważa, że uratowała mu życie.

W naszych rozmowach lubiła wracać do francuskiego filmu, w którym zagrała u światowej sławy reżysera. Nie powiedziałem jej, że choć nakręcony przez Francuza film został ostatecznie nominowany do Złotej Palmy, w swojej pierwotnej wersji, zanim został poprawiony, spotkał się z surową krytyką i druzgocącymi recenzjami. Okrzyknięto go najboleśniejszą porażką sezonu, dziełem fatalnym, kiczowatym i megalomańskim. Krytycy zarzucali reżyserowi, że stworzone przez niego postacie bohaterów są zupełnie niewiarygodne, a ich czyny i pobudki niejasne. Wszystko zaś drażni tanim efekciarstwem i manierycznością. „Obraz nędzy i rozpaczy" – napisał jeden z recenzentów.

Lara byłaby rozczarowana.

NIESPOKOJNE CZASY PRZEŁOMU WIEKÓW
KALENDARIUM

1991 W wyniku gospodarczej i politycznej zapaści rozpada się Związek Radziecki, komunistyczna mutacja imperialnej Rosji. Podbite prowincje imperium jedna po drugiej ogłaszają niepodległość. Jako jedna z pierwszych, jeszcze przed formalnym rozpadem imperium, niepodległość ogłosiła Gruzja, a Rosja, w odwecie i broniąc do ostatka swoich posiadłości, podburzyła przeciwko Tbilisi podległe mu prowincje Abchazji i Południowej Osetii. Niemal nazajutrz po ogłoszeniu niepodległości w Gruzji wybucha wyniszczająca, bratobójcza wojna domowa. Jesienią za przykładem innych podbitych prowincji niepodległość ogłasza także Czeczenia. Rosja, która nie mając wyjścia, uznała niepodległość innych tworzących Związek Radziecki prowincji, odmawia uznania niepodległości Czeczenii, twierdząc, że stanowiła ona nie tyle część Związku Radzieckiego, jak Gruzja, Uzbekistan czy Białoruś, ile samej Rosji. Głównym powodem rosyjskiego sprzeciwu są jednak obawy Kremla, że zgoda na niepodległość Czeczenii wywoła nową lawinę secesji, za przykładem Czeczenów o swoje upomną się Tatarzy, Baszkirzy, Buriaci, Jakuci, Kałmucy, Awarowie, Lezgini czy Czerkiesi, co doprowadzi do rozpadu nie tylko rosyjskiego imperium (ZSRR było jego ostatnim wcieleniem), ale samej Rosji.

Upadek komunizmu i koniec epoki zimnej wojny skłania wielu przywódców Zachodu do ogłoszenia „końca historii" i ostatecznego zwycięstwa wolnorynkowego liberalizmu. W odpowiedzi na atak irackiej armii na Kuwejt i tamtejsze pola naftowe Stany Zjednoczone, ostatnie światowe mocarstwo, dokonują inwazji na Irak. Amerykańskie wojska lądują w Arabii Saudyjskiej.

1993 W Afganistanie wybucha wojna domowa między mudżahedinami, którzy w latach osiemdziesiątych doprowadzili Armię Radziecką do wykrwawienia się, przyspieszając bankructwo Związku Radzieckiego i komunizmu. Muzułmańscy ochotnicy, którzy całymi tysiącami ściągnęli do Afganistanu na świętą wojnę, rozczarowani kłótliwością i małostkowością Afgańczyków wyjeżdżają spod Hindukuszu. Wracają do swoich krajów, gdzie próbują wywoływać i toczyć własne święte wojny, jak w Algierii czy Sudanie, albo zaciągają się na inne wojny, w których uczestniczą muzułmanie (Bałkany, Kaszmir). Niekoronowany król „rycerzy świętej wojny", saudyjski bogacz Osama ibn Ladin, uznaje obecność amerykańskich wojsk w Arabii Saudyjskiej za zbezczeszczenie ojczyzny Proroka i wydaje wojnę Zachodowi.

1994 Pogrążona w głębokim kryzysie Rosja decyduje się posłać zbrojną ekspedycję karną na Kaukaz, by stłumić bunt Czeczenów, którzy ogłosili niepodległość. Inwazja ponosi fiasko i przeradza się w przewlekłą i krwawą partyzancką wojnę. Na wieść o niej na Kaukaz przybywają muzułmańscy ochotnicy z Bliskiego Wschodu, by wesprzeć Czeczenów.

1996 Rosja, nie będąc w stanie pokonać czeczeńskich partyzantów, zawiera z nimi rozejm, uznawany za zwycięstwo powstańców. Kreml zgadza się, by sprawa statusu Czeczenii została odłożona na pięć lat. W Czeczenii, podobnie jak w Afganistanie, zwycięscy partyzanci wszczynają rokosze i wojny o władzę. Przeciwnicy powstańczych władz odwołują się do islamu, by zaskarbić sobie pomoc przebogatych arabskich szejków znad Zatoki Perskiej.

W Afganistanie wojnę domową wygrywają talibowie, muzułmańscy radykałowie, którzy przejmują władzę w Kabulu. Nie uznawani przez świat (z wyjątkiem Pakistanu, Arabii Saudyjskiej i Zjednoczonych Emiratów Arabskich), jako jedyni oficjalnie uznają niepodległość Czeczenii. Na zaproszenie talibów w Afganistanie osiedla się ścigany listami gończymi Osama ibn Ladin i pod Hindukuszem zakłada główną kwaterę terrorystycznej międzynarodówki – Al-Kaidy.

1999 Nie czekając, aż upłynie pięcioletni rozejm, Rosja ponownie najeżdża Czeczenię, twierdząc, że pod rządami buntowników stała się ona zagrażającą wszystkim jaskinią dżihadystów, terrorystów i handlarzy żywym towarem. Tym razem w czeczeńskim ruchu oporu dominują partyzanci z ugrupowań odwołujących się do islamu i haseł świętej wojny. Rosyjską wyprawą wojenną dowodzi nieznany wcześniej Władimir Putin, wyniesiony ku zaskoczeniu wszystkich na stanowisko premiera. Zwycięska, błyskawiczna wojna, w której tym razem Rosjanie unikają bitew, za to stosują taktykę spalonej ziemi, pod koniec roku przynosi Putinowi wielką popularność i prezydenturę, zwolnioną przez przymuszonego do dymisji dotychczasowego przywódcę, schorowanego i nielubianego Borysa Jelcyna.

Na Bliskim Wschodzie Osama ibn Ladin przystępuje do wojny ze znienawidzonym Zachodem. Jego zwolennicy wysadzają w powietrze ambasady USA w Kenii i Tanzanii, atakują amerykańskie cele na Bliskim Wschodzie. Na Bałkanach – w Kosowie – wybucha ostatnia z tamtejszych wojen, a Zachód staje zbrojnie po stronie kosowskich Albańczyków przeciwko Serbii, sojuszniczce Rosji. Rosja uznaje to za zdradę Zachodu. Po stronie kosowskiej walczą też muzułmańscy ochotnicy, którzy wcześniej wspierali muzułmanów z Bośni.

2001 Pobłogosławieni przez Osamę ibn Ladina zamachowcy uprowadzają samoloty pasażerskie i dokonują nimi ataków na Nowy Jork i Waszyngton. W odwecie Stany Zjednoczone podejmują zbrojną inwazję na Afganistan, gdzie terrorystyczna międzynarodówka rozłożyła swoją kwaterę główną.

Na Kaukazie rozgromieni przez Rosjan czeczeńscy partyzanci chronią się w górskich kryjówkach i przeprawiają do sąsiedniej Gruzji, która wciąż nie potrafi się podnieść z upadku po domowych wojnach z pierwszych lat niepodległości. Zachód, który dotąd współczuł Czeczenom, odwraca się od nich, ponieważ bardziej potrzebuje pomocy Rosji w trzeciej wojnie światowej, jak nazywa się wojnę z terroryzmem. Pozbawieni jakiegokolwiek wsparcia z Zachodu czeczeńscy partyzanci coraz liczniej przechodzą do obozu dżihadystów.

2003 Chcąc zaprowadzić prozachodnie porządki na Bliskim Wschodzie i zapewnić sobie bezpieczeństwo, Stany Zjednoczone wraz z zachodnimi sojusznikami najeżdżają Irak, fałszywie oskarżając tyrana z Bagdadu Saddama Husajna o budowanie bomby atomowej i wspieranie terrorystycznej międzynarodówki Osamy ibn Ladina i jego dżihadystów. Nowe porządki w Iraku mają w zamyśle Amerykanów posłużyć za wzór dla innych państw muzułmańskich z Bliskiego Wschodu.

Zachód uznaje afgańską wojnę za ostatecznie wygraną i przerzuca wojska, pieniądze i całą uwagę na Bliski Wschód. Korzystając z tego, afgańscy talibowie odbudowują partyzancką armię i atakują Afganistan z afgańsko-pakistańskiego pogranicza.

W Gruzji dochodzi do wspieranej przez Zachód ulicznej rewolucji róż, która obala słaby i skorumpowany rząd, a na jego miejsce wynosi polityków opowiadających się za Zachodem. Gruzińska rewolucja wzorowana jest na wcześniejszej z Belgradu, która obaliła nieprzyjaznego Zachodowi prezydenta Serbii. W ślad za rewolucją róż w Tbilisi podobne jej i wspierane przez Zachód uliczne rewolucje wybuchają na Ukrainie i w Kirgizji, obalają tamtejsze rządy i wynoszą do władzy ugrupowania opowiadające się za integracją z Zachodem. Rosja uznaje „kolorowe rewolucje" za akt wrogości ze strony Zachodu i próbę politycznej ingerencji na terytoriach, których Kreml nie przestał uznawać za swoją wyłączną strefę wpływów.

Kaukascy partyzanci coraz częściej i chętniej sięgają po terror. W 2002 roku atakują teatr na Dubrowce i biorą zakładników, żeby zmusić Rosję do wycofania wojsk z Czeczenii. W 2004 roku dokonają podobnego terrorystycznego rajdu na szkołę w Biesłanie.

2006 Zamiast stać się zwycięską wojną błyskawiczną, amerykańska inwazja na Irak przeradza się w przewlekłą i krwawą okupację. Do Iraku przybywają z całego świata islamu ochotnicy, by zaciągać się na świętą wojnę przeciwko Amerykanom. Na irackiej pustyni wyrasta miejscowa filia nieobecnej tu dotąd Al-Kaidy. Przystają do niej zaprawieni w bojach żołnierze z rozwiązanej przez Amerykanów armii obalonego tyrana. Z czasem iracka filia Al-Kaidy coraz bardziej uniezależnia się od centrali, a w końcu uznaje się za odrębne ugrupowanie o nazwie Państwo Islamskie.

2007 Po śmierci przywódcy powstania, zabitego przez Rosjan ostatniego czeczeńskiego prezydenta Asłana Maschadowa, kaukascy partyzanci wyrzekają się walki o niepodległość Czeczenii, uznają Kaukaz za muzułmański emirat i zgłaszają akces do Al-Kaidy.

2008 W odpowiedzi na złożone Gruzinom obietnice Zachodu, dotyczące przyjęcia jej do zachodnich sojuszy obronnych i gospodarczych, Rosja prowokuje i wygrywa pięciodniową wojnę graniczną z Gruzją, gromi miejscową armię i oficjalnie uznaje niepodległość zbuntowanych prowincji Abchazji i Południowej Osetii.

2009 Władzę w Stanach Zjednoczonych przejmuje nowy prezydent, Barack Obama, który zapowiada zakończenie wywołanych przez swego poprzednika amerykańskich wojen w Afganistanie i Iraku, a także przywrócenie życzliwych stosunków z Rosją.

2011 Na Bliskim Wschodzie wybucha Arabska Wiosna Ludów, w wyniku której obaleni zostają przyjaźni Zachodowi dyktatorzy w Tunezji, Egipcie, Libii i Jemenie. W Syrii miejscowy dyktator nie poddaje się ulicznym rozruchom i w kraju wybucha wojna domowa.

Po ośmioletniej wojnie amerykańskie wojska opuszczają Irak, pozostawiając po sobie w Bagdadzie rząd zdominowany przez szyitów, stanowiących większość ludności kraju. Sunnici, narzekający na prześladowania, wypowiadają posłuszeństwo Bagdadowi, a w ich imieniu i obronie występuje iracka filia Al-Kaidy, nosząca już nazwę Państwa Islamskiego. Także wojna domowa w Syrii przybiera coraz bardziej charakter konfliktu między sunnitami a rządzącą w Damaszku koalicją szyitów, alawitów i chrześcijan, uważanych przez ich wrogów za bezbożników i zdrajców.

W Pakistanie ginie Osama ibn Ladin, zabity przez amerykańskich komandosów, a Al-Kaida, pozbawiona jego przywództwa, tropiona i dziesiątkowana przez Amerykanów, traci coraz bardziej na znaczeniu w świecie dżihadystów.

2013 W Iraku wybucha powstanie zbrojne sunnitów, któremu przewodzi Państwo Islamskie. Partyzanci Państwa Islamskiego walczą też w sąsiedniej Syrii, gdzie Zachód, wykrwawiony wojnami w Afganistanie i Iraku oraz przeżywający głęboką zapaść gospodarczą, nie jest w stanie wymusić na walczących rozejmu i ocalić ludności cywilnej przed masakrami. Szacuje się, że w syryjskiej wojnie zginęło prawie ćwierć miliona ludzi. Bezradność i bierność Zachodu sprawiają, że do Syrii z całego świata, także zachodniego, ruszają muzułmańscy ochotnicy. Z samej Europy na syryjską wojnę zaciągnęło się kilkanaście tysięcy legitymujących się europejskimi paszportami muzułmanów, potomków imigrantów politycznych i zarobkowych. Do Syrii wyjeżdżają też partyzanci z Kaukazu, nie będący w stanie stawiać czoła rosyjskiemu wojsku.

2014 Dzięki rzeszom przybywających ochotników, sprawności bojowej, a także broni zdobywanej na armii irackiej (arsenały amerykańskie) i syryjskiej (broń radziecka i rosyjska) Państwo Islamskie przejmuje główną rolę w wojnach domowych w Iraku i Syrii. Dżihadyści unieważniają granicę iracko-syryjską, a na kontrolowanych przez siebie ziemiach (trzecia część Iraku i ponad połowa Syrii) ogłaszają powstanie kalifatu, posiadającego własne terytorium, rząd, prawo, sądy, policję i wojsko. Na jego czele staje przywódca Państwa Islamskiego Abu Bakr al-Baghdadi, który uznaje się za kalifa Ibrahima. Kalifat ogłasza swoje filie w Nigerii, Maghrebie, Afganistanie, Pakistanie i Azji Środkowej. Akces do kalifatu zgłaszają też nieliczni komendanci partyzanccy walczący wciąż na Kaukazie.

Po trzynastoletniej wojnie, najdłuższej w historii Stanów Zjednoczonych, amerykańskie wojska wraz z zachodnimi sojusznikami wyjeżdżają z Afganistanu.

W odpowiedzi na kolejną, wspieraną przez Zachód, uliczną rewolucję w Kijowie, która obaliła prorosyjski rząd i wyniosła do władzy polityków opowiadających się za integracją z Zachodem, Rosja dokonuje aneksji Krymu i wspiera rosyjskich separatystów, którzy wywołują zbrojne powstanie na wschodzie Ukrainy. Rosyjski prezydent Putin, dla którego początkiem kariery stała się zwycięska wojna w Czeczenii, ogłasza, że Kreml rości sobie prawo do wojskowej interwencji wszędzie tam, gdzie zagrożone są prawa i wolność Rosjan.

RUMUNIA
KRYM
MORZE CZARNE
BUŁGARIA
GRECJA
Stambuł
TURCJA
N
PANKISI
0
3 km
Dzibachewi
Birkiani
Omalo
Dżokolo
Dumasturi
Duisi
Chalacani
Alazani
Matani
Alwani
Akhmeta
Telawi
Gaziantep
Aleppo
SYRIA
CYPR
M. ŚRÓDZIEMNE
Damaszek
JORDANIA
IZRAEL
EGIPT

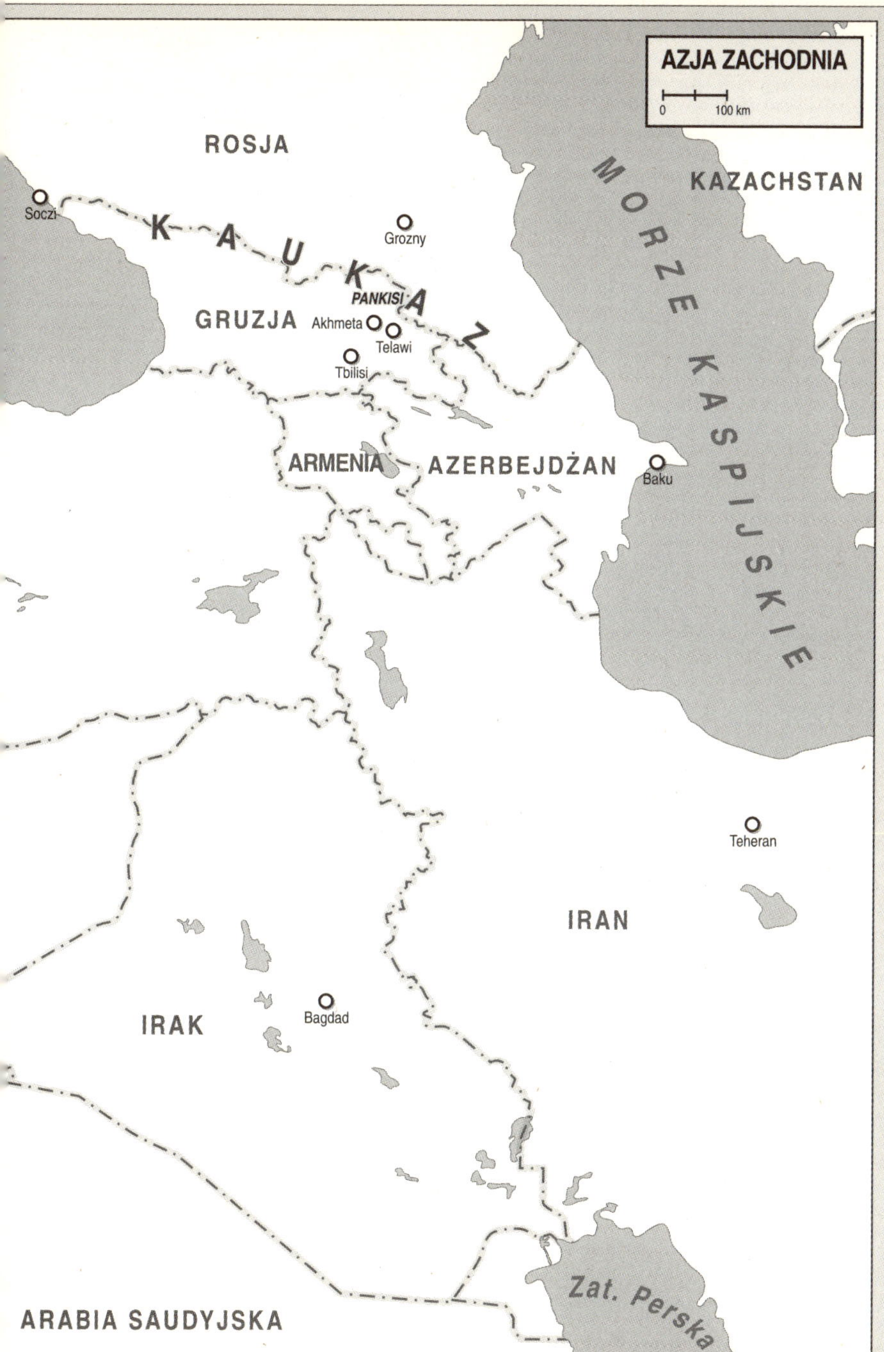

AZJA ZACHODNIA
0
100 km
ROSJA
KAZACHSTAN
MORZE KASPIJSKIE
Soczi
KAUKAZ
Grozny
PANKISI
GRUZJA
Akhmeta
Telawi
Tbilisi
ARMENIA
AZERBEJDŻAN
Baku
Teheran
IRAN
IRAK
Bagdad
ARABIA SAUDYJSKA
Zat. Perska

OD AUTORA

Lara nie jest prawdziwym imieniem bohaterki opowieści. Zmieniłem je na jej prośbę, podobnie jak imiona większości pozostałych bohaterów.

PODZIĘKOWANIA

Marcinowi Zarembie

SPIS TREŚCI